エコロジー講座 3

なぜ地球の生きものを守るのか

日本生態学会 編
宮下 直・矢原徹一 責任編集

文一総合出版

エコロジー講座3

なぜ地球の生きものを守るのか

目次

6〜17 海辺の生物多様性を支える海草藻場——アマモ場の生態系を守る　仲岡雅裕

20〜31 なぜ、どのように、湖沼や池の生きものを守るのか？　高村典子

34〜45 里山の生物多様性を支えるもの——モザイクのような生息地を守るための知恵　宮下直

48〜59 野生動物とのきずなを取り戻す――「為すことによって学ぶ」エゾシカ管理からわかったこと　梶 光一

62〜77 なぜ地球の生きものを守るのか？　矢原徹一

用語解説
レッドデータブック 18　遷移 60
競争排除 46　栄養塩の循環 32

宮下 直

エコロジー講座3

なぜ地球の生きものを守るのか

九州大学大学院理学研究院教授　矢原　徹一

はじめに

世界中で多くの生物種が絶滅の危機に瀕しています。このまま減少が続けば、ゴリラやオランウータン、トキやコウノトリ、メダカやドジョウ、野生ランなど、多くの生物種がこの地球から消えてしまうでしょう。また、世界各地で森林や湿地が減少し、湖沼は富栄養化し、さんご礁の消失が進んでいます。このような生態系の劣化によって、食物資源の供給、水や大気の浄化など、私たちにとって有益な多くの生態系サービスが失われています。このような種多様性の消失や生態系の劣化は、「生物多様性損失」と呼ばれています。「生物多様性損失」は「地球温暖化」と並んで、人間活動がひきおこしている深刻な地球環境問題です。

このような「生物多様性損失」を2010年までに顕著に減らそうという国際目標（2010年目標）が2002年に設定されました。今年はその目標を評価する年（国連が定めた生物多様性年）にあたります。今年10月に名古屋で開催される生物多様性条約第10回締約国会議では、この目標の達成度が評価され、新たな2020年目標が設定される予定です。残念ながら、「生物多様性損失」は今でも急速に進んでおり、この損失を食い止める上で実効性のある国際的な行動計画が必要とされています。

わが国においても、高度経済成長を通じて「生物多様性損失」が進みました。森や小川が宅地に変わり、学校の周りから自然が失われ、子供たちは森や小川でほとんど遊ばなくなりました。しかし一方で、このような変化に疑問を抱き、森

づくりなどの環境保全活動に参加する市民が増えています。また、自然環境とその保全に関心を持ち、生態学が学べる大学に進学する学生も増えています。そして、生物多様性を守る活動に、世代をこえた協力と協働がひろがっています。

本書は、このような活動などを通じて生物多様性に関心を持っている市民・学生を対象に、生物多様性についてより深く学ぶために作られた入門書です。第1、2章では、海、湖の生物多様性の変化を題材に、生態系における生物多様性の役割と価値について紹介しています。第3章では、私たちによって身近な里山を題材に、生物多様性が里山でなぜ豊かなのかについて解説しています。第4章では、シカの増加を題材に、私たち人間が生態系の一員として、野生生物をいかに管理すべきかという問題を取り上げています。そして第5章では、地球規模での生物多様性損失の現状と歴史について解説し、地球の生物多様性を守るために私たち一人一人ができることについて考えます。本書を通じて生物多様性の大切さについての科学的理解が深められ、生物多様性を守るための活動に科学の成果が少しでも役立つことを願っています。

なお本書は、日本生態学会主催の公開講演会「エコロジー講座 なぜ地球の生き物を守るのか――生物多様性条約が守る自然の価値」（2010年3月20日開催）の講演内容をまとめたものです。講演を聴くための資料として本書を作成するために、文部科学省科学研究費補助金（研究成果公開促進費）「研究成果公開発表（B）」の助成を受けました。

アマモ場の生物多様性と機能

仲岡雅裕
インドネシアの沿岸生態系の調査地で

なかおか　まさひろ
北海道大学教授。アマモ場、磯などの沿岸生態系を対象に、生物多様性と生態系の構造、変動のしくみとかかわりを明らかにする研究に取り組んでいる。フィールド調査とリモートセンシング、遺伝子解析など異なる方法を統合的に組み合わせるアプローチを模索中。

自然の生態系がもつはたらきのなかで、人間の生活に恩恵をもたらすものを「生態系サービス」と呼びます。この生態系サービスは、人間の生活を支える「自然の恵み」そのものです。ここでは、豊かな海辺を支えるアマモ場を例に、生物多様性に富む生態系の恵みとはどんなものかを紹介します。

沿岸域の藻場

地球表面の7割を占める海は、生命の生まれ故郷であり、生物の進化の主要な舞台となってきました。その結果、陸上よりもはるかに多様な生物のグループが海洋に生息しています。例えば、動物類は、30以上の「門」という高次分類群に分けられますが、そのうちの半数は海洋のみに見られます。

私たちが身近に親しむことができる陸に近い海は「沿岸域」と呼ばれています。沖縄や鹿児島県南部などを含む熱帯から亜熱帯海域の沿岸域には、さんご礁やマングローブなどが形成されます。一方、九州から北海道にかけての沿岸域では、干潟、磯、藻場などの環境が広がっています

アマモ場のある沿岸
東京湾富津干潟を上空から見る。岬北側（上側）の濃い部分がアマモ場

■アマモ場の生物多様性と機能

す。このうち「藻場」は、大型の植物が密生している海域を指します。

海底が岩礁からなる海域では、ホンダワラ類やコンブ類などの褐藻類を主体とした藻場が形成され、これは海藻藻場（ガラモ場、海中林）と呼ばれます。これに対して、波あたりのおだやかな砂や泥の海底には海草類を中心にした藻場が形成され、これはアマモ場（海草藻場）と呼ばれます。

アマモの仲間

アマモ（左）とコアマモ（右）　　　（撮影／山北剛久）
アマモは北半球の温帯域〜亜寒帯域に広く分布する。コアマモは太平洋西部の亜熱帯域〜亜寒帯域（ベトナム〜ロシア）に分布する。

海草とは？

海草（シーグラス）は、もともと海から陸上に進出した種子植物のうち、再び海に戻っていったグループで、動物で言えば、海洋哺乳類（クジラやイルカ、オットセイやジュゴンなど）と同じような進化の歴史をたどっている植物です。ずっと海に生息していた海藻（シーウィード）とはまったく異なる植物です。し

海草はどこから？

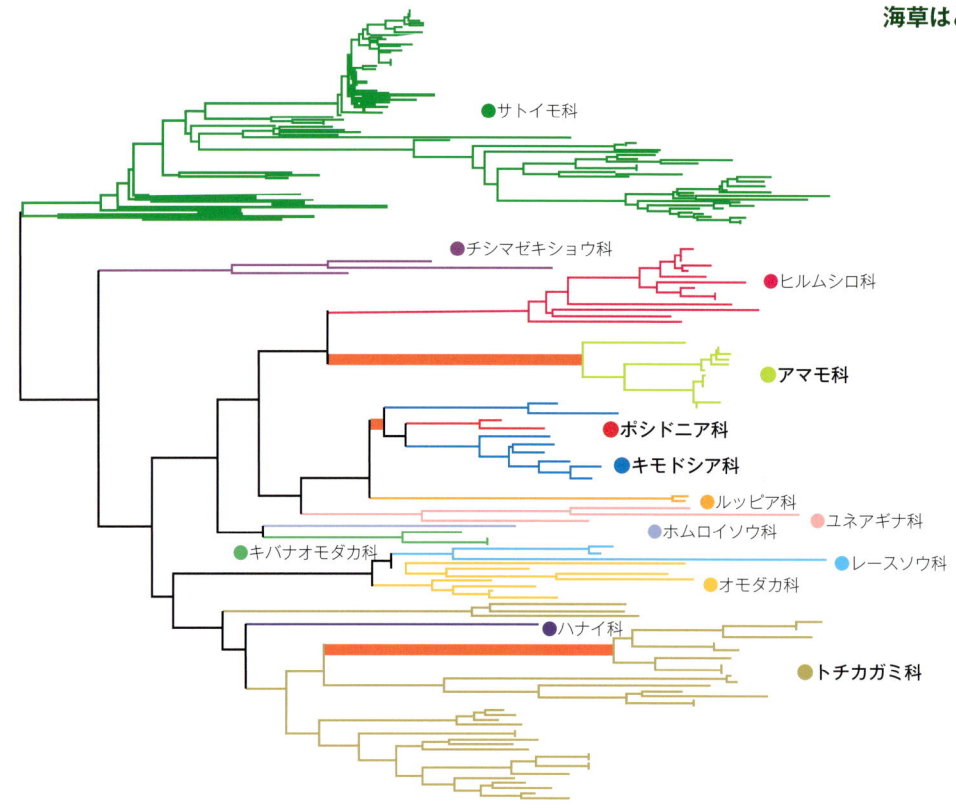

近年の分子系統学的研究によって明らかになった海草類の系統関係。海草を含む系統をオレンジ色の太線で示す。海草の仲間は、たがいに異なる系統から進化したことがわかる。

アマモの仲間

スゲアマモ
日本と韓国周辺のみに分布する

し日本語では、海草も海藻も同じ読みなので、例えば「海草サラダ」などという言葉で示されるように、日常生活ではあまり区別されていないようです。

海草類は単子葉植物綱オモダカ目に属し、世界に60種程度、日本に約20種が分布しています。分子情報を利用した系統学的解析により、陸上および淡水に生息していた祖先から、約1億年前に3つの系統が独立に海に進出したことが明らかになりました。そのうち2系統は、ウミショウブやリュウキュウスガモのように主に熱帯から亜熱帯に分布する種です。一方、残りの1つの系統は、アマモなど温帯域に分布する種から構成されます。

海草類は広い分布域をもつ種が多く、例えばアマモはヨーロッパ、北アメリカ、日本から韓国周辺の温帯域に見られる汎世界種（コスモポリ

■アマモ場の生物多様性と機能

水面を漂うウミショウブの雄花。ウミショウブは熱帯〜亜熱帯に分布し、日本では沖縄県西表島と石垣島のみでみられる（写真提供／八重山毎日新聞社）

アマモの仲間

オオアマモ
日本と韓国の限られた場所のみに生息し、絶滅危惧種に指定されている

タン）です。しかし、日本と韓国には、タチアマモ、スゲアマモ、オオアマモなどこの海域にしか生息していない地域固有種が分布しており、北半球の温帯域の中で最も海草の種多様性が高い場所となっています。

海草類の多くはクローン性の植物で、タケやササと同じように地下茎を分枝しながら分布を広げていきます。一方、彼らは種子繁殖、つまり開花、受粉、種子散布、発芽という過程を経て増加することもできます。海草類は水媒花で、花粉が水面や水中を漂ってめしべに到達して受粉します。また、熱帯から亜熱帯域に分布するウミショウブは、大潮の前後に花粉が入った雄花が大量に水面に流れ出し、風と潮に乗って雌花に届きます。

小型草食動物（アコヤシタダミ）

アマモ場の生態系

アマモ場には実に多様な生物がみられる。かれらはさまざまな相互作用を通じて複雑な生態系を構成する。

大型草食動物（オオハクチョウ）　　　　（撮影／河内直子）

アマモ場の生物多様性

　アマモ場は、水産資源として重要な魚介類や、絶滅が心配される種の他さまざまな海藻類が海草に混じって生えています。また、アマモの葉の上には、珪藻類や、イトグサ類やモカサなどの紅藻類が生息しており、これらは付着藻類と呼ばれています。また、アマモ場の水の中を漂う植物プランクトンも主要な一次生産者です。

　次に動物類を観察してみましょう。アマモの葉の上にはさまざまな小型動物が付着しています。巻貝やヨコエビ、ワレカラなどの小型甲殻類の多くは草食性で、アマモの葉の上を移動しながら付着藻類を主に食べています。一方、コケムシやウズマキゴカイなどの固着性動物は幼生がアマモの葉の上に定着すると移動することができません。彼らはアマモの葉の間を漂う植物プランクトンや有機物などをろ過して食べています。このような小型の草食動物は、より遊泳性の高いエビ類などの大型甲殻類や、メバルやウミタナゴのような肉食性の魚類に食べられます。さらにこれらの動物はより大型の肉食性の魚類や、アオサギやオジロワシなどの肉食性の魚類に食べられます。

　アマモ場には、海草以外にも一次生産者である植物が存在します。ま

　アマモ場の生物多様性の高さは、アマモ場の内外で同じ方法で生物を採集してその量を比較するとよくわかります。例えば、岩手県大槌湾で内在性ベントスを調べた研究では、アマモが生えている場所の方が、生えていない場所よりも、密度、種数とも3倍以上高いことが報告されています。

　それではアマモ場の多様な生物について、詳しく見ていきましょう。アマモ場の主役は言うまでもなく海草類ですが、アマモ1種だけからなるアマモ場もあれば、複数種の海草類が共存しているアマモ場もあります。日本の温帯域では、潮間帯や河口域などの最も浅い場所にコアマモが分布し、潮下帯の比較的浅い部分にアマモ、深い部分にタチアマモ、スゲアマモ、オオアマモなどが分布する場合が一般的です。

■アマモ場の生物多様性と機能

肉食動物（ウミタナゴ）

固着性動物（ウスコケムシの一種）（撮影／河内直子）

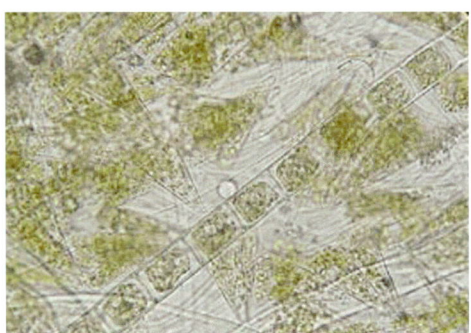

付着藻類（珪藻類）

海草（タチアマモ）

> **ベントス**
> 水底で生活する生物のこと。「底生生物」ともいう。内在性ベントスは、水底にもぐって生活するものを指す。逆に、水底上で生活するものは表在性ベントスとよばれる。
>
> **一次生産者**
> 無機物から有機物をつくりだす生物のこと。光合成により水と二酸化炭素から炭水化物をつくりだす植物がその代表。一次生産者がつくった有機物を利用する生物は「消費者」とよぶ。植物を食べて植物がつくった有機物を直接取り込む草食動物を「一次消費者」、一次消費者を食べて間接的に取り込む肉食動物を「二次消費者」という。

海草類はセルロースなどの難消化性物質を多く含むため、貝類や甲殻類などの小型無脊椎動物は海草をあまり効率よく食べることができません。海草類を主に食べる動物は、ウニなどの棘皮動物や、アイゴ、アオウミガメ、オオハクチョウ、ジュゴンなどの脊椎動物です。しかし、動物に食べられる量よりも、枯れて海底に堆積したり、流れ藻になってアマモ場から流出する量のほうが多いと考えられています。枯死して堆積した海草類は、微生物、原生動物、無脊椎動物などさまざまな分解者に利用され、無機物に戻っていきます。アマモ場の分解者の量および多様性は非常に高く、アマモ場の生態系全体の物質循環の上で重要な役割を担っていると思われますが、その詳細については多くの点が未解明のままであり、今後の研究の進展が望まれます。

アマモ場のはたらき

このように多様な生物が生息するアマモ場は沿岸域でどのような機能（役割、はたらき）を持っているのでしょうか？
海草類は非常に成長が早いことが

水面をおおうアマモ
アマモは潮間帯から水深数メートルの比較的浅い場所に生育する。

知られています。例えば、岩手県船越湾のタチアマモは世界最長の海草として知られていますが、冬に草丈1m程度だったシュートが半年後の夏には7mを超える高さまで育ちます。

成長が早いということは、光合成による有機物の生産（一次生産）が大きいということを意味しています。海草類の一次生産量を調べたところ、その生産性はサンゴ礁やマングローブなどよりも高く、陸上の熱帯雨林に匹敵することがわかりました。このような高い一次生産量は、先ほど述べた多様な消費者や分解者を支え、豊かな海をつくる基盤になっています。

さらに海草はその生産活動に必要な窒素、リンなどの無機塩類を大量に吸収します。これにより水中が富栄養化することを抑制するはたらきがあると考えられています。ただし、この効果の大きさがどの程度あるかについては正確な評価は進んでおらず、今後の解明が待たれます。

アマモ場が沿岸生態系の物質循環に果たす役割は、アマモが枯れた後の有機物がどのような運命をたどるかによっても大きく変わります。有機物の多くは海底で分解されもとの無機塩類に戻ると考えられますが、一部は地下茎や根に取り込まれてそのまま海底中に蓄積されます。また地上部は流れ藻となって外洋に出たり、あるいは海岸に打ち上がって堆積したりします。陸に打ちあがった海草類の一部は、陸上の微生物や動物に利用されるので、海域から陸上へ物質とエネルギーが輸送されることになります。

生態系サービス

自然生態系が持つさまざまなはたらきのうち、人間生活に恩恵をもたらすものを「生態系サービス」と呼びます。生態系サービスは、提供（食物や薬品など）、調整（大気や水質など）、基盤支持（物質循環や生物多様性など）、および文化的価値（レクリエーション利用や審美的価値など）に大きく分類されます。

上で触れたアマモ場の多様な機能は、直接的、間接的にさまざまな生

アマモ場の生物多様性と機能

態系サービスをもたらしています。なによりも多くの水産有用種の生産を支えており、沿岸漁業の維持になくてはならない場となっています。漁獲資源以外でも、海草類は、昔は肥料や繊維として利用されていました。また、水質や底質および栄養塩濃度の調整にアマモ場は重要な役割を担っています。さらに、主要な一次生産の場として高い生物多様性の維持に貢献しているほか、アマモ場の周辺域を含めた物質循環を支えています。

文化的な価値については、熱帯地域のサンゴなどに比べると認知度は低いかもしれません。しかし、地域によっては、ジュゴンやウミガメ、水鳥類などを対象とした自然観察やエコツーリズムの場所、あるいは身近な海の自然を体験して学ぶ環境教育の場としても利用されており、今後そのような機会も増えることが予想されています。

生物多様性と生態系機能

ここまで、アマモ場の生物多様性と生態系機能についてそれぞれ解説してきました。それではアマモ場の生物多様性は生態系機能とどのよう

に関係しているのでしょうか？近年の研究により、生物多様性が高い場所ほど、生物量や生産量、およびその安定性などの生態系機能が高いことが明らかになってきました。なぜ生物多様性が高いほど生態系機能が高くなるのでしょう？ 生物各種は生態系の中でそれぞれ違う役割を担っているため、より多様な生物がいた方が生態系全体としての機能も高まることが考えられています。また、仮に生態系の中で果たす役目が同じであったとしても、何らかの原因によりある種がその生態系からいなくなってしまった場合に「代役」を勤める種がいるため、生態系の安定性が保たれる可能性が高まります。

この説明はアマモ場にも当てはまります。先ほど説明したように、アマモ場の多くでは、水深に伴ってアマモ、オオアマモの順に変わっていきます。コアマモは潮間帯での生活に適しており、またオオアマモは水深が深い環境に適応しています。仮にコアマモやオオアマモが何らかの理由でいなくなってしまったらどうなるでしょうか？ 中間の水深で優占するアマモは、潮間帯にも、水深の深い場所にも生息することができますが、コアマモほど乾燥には強くあリませんし、オオアマモほど深い場所で効率的に光合成をすることはできません。したがってアマモ場全体の面積は減少し、一次生産量も減少すると予想されます。実際にオオアマモは分布域が限られた絶滅危惧種（絶滅危惧Ⅱ類）です。またコアマモも干潟や浅海域の開発により急速に生息域が狭まっています。これらの種が絶滅することなく、アマモと共存するアマモ場を形成し続けることは、アマモ場の生産性や安定性を維持するうえで重要なわけです。

生物多様性は種多様性だけを示す言葉ではありません。ひとつの種の中には遺伝的な構成の異なる個体がおり、これは遺伝的多様性といわれています。近年、DNAマーカーを利用した分子生物学的解析により、アマモの遺伝的多様性を調べることができるようになりました。ドイツのロイシュ博士らは、アマモの遺伝的多様性の大小がアマモ場の機能とどのように関係しているか調べるため、あらかじめDNAマーカーを用いて遺伝子組成を調べたアマモを使って、遺伝的多様性が異なる実験区を野外に設置して、その後の成長や生存を調べました。実験を行ったのは、水質汚染に伴う光環境の低下や2003年はちょうどヨーロッパが異常高温に見舞われた年で、沿岸域のアマモ場もその影響を受けて面積や密度が減少しました。ロイシュ博士の実験では、遺伝的多様性を高くした実験区のアマモの方が、低い実験区よりも異常高温後の回復が2〜3倍も速いという結果が得られました。つまり、遺伝的多様性の高さは、環境ストレスへの抵抗性や回復速度と関係しているわけです。

今後の地球温暖化の進行に伴い、沿岸域でも高温ストレスがより高くなることが予想されています。そのような環境下でアマモ場の保全を考える際には、アマモ場の面積や種構成だけでなく、各種の遺伝的多様性についても考慮することが重要なわけです。

減少するアマモ場

このように沿岸域の生物多様性と生態系機能の維持にとって重要なアマモ場は、さまざまな人間活動の影響を受けて減少し続けています。1980年代以降は、実に1年間に7％の割合でアマモ場が世界から消失しています。減少の理由としては、埋立や干拓などの沿岸開発が挙げられます。また、今後進行が予想される地球規模の気候変動は、水温や海水面の上昇、台風等の巨大化による撹乱の増加や海の酸性化などを通じて、アマモ場にさまざまな影響を与えることが懸念されています。

アマモ場の面積の減少は、そこに生息する生物多様性や生態系機能の低下を引き起こします。アマモ場の減少に伴って水産資源の漁獲量が大きく減少したケースは、世界各地で報告されています。また、アマモ場を主要な生息地とする希少種にも深刻な影響を与えます。特に心配されているのがジュゴンに対する影響です。ジュゴンは乱獲や混獲、アマモ場の減少や環境汚染などに伴い、世界各地で個体数が減少し続けています。ジュゴンの分布の北限にあたる沖縄の個体数は、数頭から数十頭と見積もられ、環境省のレッドリスト（絶滅のおそれのある野生生物の種のリスト）では、最も絶滅の危険性

絶滅危惧生物ジュゴン。草食で、アマモの仲間をえさにしている（写真提供／日本自然保護協会）

モニタリングサイト1000

の高い「絶滅危惧IA類」に分類されています。

このような状況でアマモ場を保全していくためには、どうしたらよいのでしょうか？　まずは、世界中のアマモ場の変化を正確に把握するための広域かつ長期的なモニタリングを実施し続けることが必要です。それにより、アマモ場に生じる変化の兆候をいち早く検知して、保全の施策にすみやかに生かすとともに、今後予測される環境変動のシナリオに応じた予測も可能になります。このようなモニタリングは、世界の海洋生態学者や市民ボランティアが手を結んで始まりつつあります。日本でも環境省が実施している「モニタリングサイト1000」の一環として、アマモ場を含む沿岸生態系の長期モニタリングが2008年より開始されています。しかし、日本および世界の重要なアマモ場を全て網羅するには、人的および経費的なサポートがまだまだ不十分です。

沖縄県沿岸のアマモ場で確認されたジュゴンの摂食痕（ジュゴントレンチ）。ジュゴンはアマモ類を砂ごと食べるため、このように特徴的な摂食痕がアマモ場に残る。これを観察することによりジュゴンの分布状況を推定することができる（撮影／河内直子）

■アマモ場の生物多様性と機能

モニタリングサイト1000で沿岸域調査が行われる場所

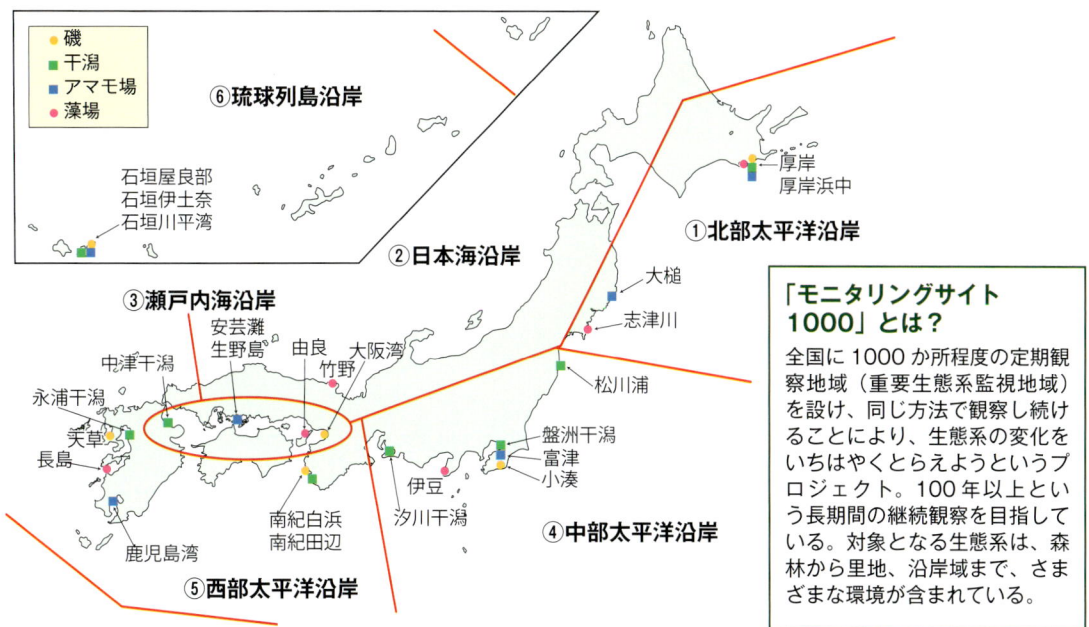

「モニタリングサイト1000」とは？

全国に1000か所程度の定期観察地域（重要生態系監視地域）を設け、同じ方法で観察し続けることにより、生態系の変化をいちはやくとらえようというプロジェクト。100年以上という長期間の継続観察を目指している。対象となる生態系は、森林から里地、沿岸域まで、さまざまな環境が含まれている。

モニタリングサイト1000の沿岸調査対象生態系

① 磯

② 干潟

③ アマモ場

④ 藻場

近年は、航空写真や衛星センサーを用いたリモートセンシングにより、アマモ場やその周辺環境の変化について、広域に把握することができるようになってきました。その技術の発展は、沿岸生態系の変動をより詳細に解明するために、ますます重要になるでしょう。しかし、リモートセンシングではアマモ場に生息する小型な動植物を含めた生物多様性の変化までは見ることはできません。アマモ場の生物多様性の現地調査と、リモートセンシングによる広域観測を組み合わせた統合的な解析法を発展させることが必要です。

ただし、このような研究や技術の進展は、保全や持続的な利用のための判断基準となる科学的データの提出までは貢献できますが、実際にアマモ場を含む沿岸域をどのように守り、利用するかの判断は科学者だけではできません。海を利用するさまざまな人がお互いの立場を尊重しながら、科学的なデータを基に将来の海の利用に関するビジョンを共有して、施策や活動を行っていく体制を作ることが何よりも求められます。

用語解説

レッドデータブック

人間活動による生息地の破壊、無秩序な捕獲や採取、さらに最近では外来生物による悪影響などで、多くの生物が絶滅の危機に直面しています。こうした野生生物の保全のためには、絶滅のおそれのある種を的確に把握し、一般への理解を広める必要があります。**レッドデータブック**とは、そうした目的のためにつくられる、絶滅のおそれのある野生生物の種についてそれらの生息状況等を取りまとめたものです。現在では、国際自然保護連合（IUCN）などの国際機関や国だけでなく、さまざまな地域のレッドデータブックがつくられるようになっており、日本の環境省でも、**レッドリスト**（日本の絶滅のおそれのある野生生物の種のリスト）を作成し、それをもとにレッドデータブックを刊行しています。

レッドデータブックには、国際自然保護連合が定めた基準によるカテゴリー区分がひろく適用されています。絶滅の危険性が高い順に「**絶滅危惧Ⅰ類**」、「**絶滅危惧Ⅱ類**」、「**準絶滅危惧**」に区分され、さらにⅠ類についてはその危険度に応じてⅠAとⅠBに分ける場合もあります。具体的には、個体数や生息地面積の減少度合い、成熟個体の数そのもの、といった定量的な基準もあれば、「生息地の生息条件が著しく悪化している」、といった定性的な基準もあります。高等植物や一部の脊椎動物では、定量的な評価に基づいて区分がされていますが、昆虫などの無脊椎動物では、データが十分に得られない種も多いので、定性評価がひろく用いられています。名称にある「レッド」は、文字通り種の存続に赤信号がともっていることを印象づけるためのものです。

（宮下 直）

21 「日本で一番美しいカエル」といわれるイシカワガエルも、「絶滅危惧Ⅰ類」に指定されている
（撮影／鈴木紀之）

国際自然保護連合の絶滅のおそれの判定カテゴリー

基準	絶滅危惧ⅠA類	絶滅危惧ⅠB類	絶滅危惧Ⅱ類
個体数減少率が… 個体数減少率が…	10年または3世代で80% 10年または3世代で90%	10年または3世代で50% 10年または3世代で70%	10年または3世代で30% 10年または3世代で50%
生息域が… 分布域が…	5km² 以下 100km² 以下	50km² 以下 1,000km² 以下	250km² 以下 10,000km² 以下
減り続けた個体数が…	250個体以下（もしくは、3年または1世代で25%減少）	2,500個体以下（もしくは、5年または2世代で20%減少）	10,000個体以下（もしくは、10年または5世代で10%減少）
個体数が… 生息域が…	50個体以下	250個体以下	1,000個体以下 近縁種の <10%
絶滅のおそれが…	10年か3世代後（100年以内）に50%以上	20年か5世代後（100年以内）に20%以上	100年後に10%以上

なぜ、どのように、湖沼や池の生きものを守るのか？

高村　典子
調査を終え帰途につく船上の、幸せなひととき。

たかむら　のりこ
国立環境研究所環境リスク研究センター生態系影響評価研究室室長。湖沼・池で生業を営んでいる人々の地道なくらしを大切にでき、潜って多様な生きものがすむ自然を体感できる、そのような水辺環境を取り戻したい。そのために必要な研究に興味がある。

世界的に見ても，湖や沼，池といった淡水にすむ生きものは，ここ30年で急速に減少しています。日本も例外でなく，高度経済成長期に悪化したままの水質，外来生物の増加などにより，湖沼の生物多様性の危機は高まっています。生物多様性の豊かな湖沼の特徴をまとめ，その保全の途を探ります。

地球は水と生命の惑星とも呼ばれています。しかし、地球上の水のほとんどは海水で、淡水はわずか2.5%しかありません。しかも、そのほとんどは南北極の氷や地下水として存在しており、0.01%が湖沼・河川・湿地などに存在します。私たちは、この少ない淡水資源にことのほか依存した生活を送っています。一方、淡水域は地球の全表面積の0.8%を占めるにすぎませんが、そこに地球上の全生物種の約6%、全脊椎動物種の35%以上がすんでいるといわれています。しかし、ここ約30年間での淡水に棲む主要動物種の個体群数の減少率は、森林や海洋の4〜6倍ほど高い値を示します。このように、生きものの受難は、淡水域で際立ってあらわれています。こうした生きものの変化は、この半世紀の間のさまざまな人間活動の影響としてあらわれています。ここでは、湖沼や池の生物多様性を保全するために、私たちがどういった問題に出会いながら研究をすすめているのかについてお話したいと思います。

「湖沼」と「池」の危機

地球上に現存する湖沼の多くは、火山活動や地殻構造運動、浸食作用、あるいはさまざまな要因で水がせき止められて成立したものですが、ロシアのバイカル湖（2500万年前）、アフリカ、タンザニアのタンガニイカ湖（1000万年前）、日本の琵琶湖（400万年前）など10あまりの例外的に古い湖沼（古代湖）を除き、ほとんどは過去1万年以内に誕生したものです。ですから、多くの湖沼生態系は、新たに誕生した巨大な水たまりになんらかの手段で移動し定着した生きものたちが命をつないできて成立しているのだと考えることができます。1万年前といいうと、私たちホモ・サピエンスが農耕や牧畜をはじめた頃とされています。もちろん、これまでの間には消滅した種類もあるでしょう。

一方、湖沼よりサイズが小さい水域は「池」と呼ばれますが、日本ではそのほとんどは灌漑用水確保のために人が造った「ため池」を指します。ため池の数は正確に把握されていませんが、全国に約20万個はあると推定され（表1）、北九州から瀬戸内地方そして愛知県に至る帯状地域に、特に多くのため池があります。そして、その多くは江戸時代以降に

■なぜ、どのように、湖沼や池の生きものを守るのか？

消失するため池の生物多様性

護岸され生物多様性が消失したため池。水面をおおうのは、特定外来生物であるアゾラ（アメリカオオアカウキクサ）（撮影／角野康郎）

護岸により岸辺には植物が生育する環境がなくなってしまった（撮影／角野康郎）

これらのため池の生きものの種類は、氾濫原湿地や水田などとも共通性が高いため、そのようなところでくらしていた生きものが、ため池に移りすんだと考えることができます。しかし現在、ため池の生きものの多くが絶滅危惧種とされるようになっています。それは、数十年前まではどこにでもあった水辺環境が急速に失われつつあることを意味しています。

このように、その成立過程が異なる「湖沼」と「池」ですが、そこに生活する生きものたちは、現在、異なるタイプの危機によりその生存が脅かされています。湖沼では、流域の開発による富栄養化、水資源開発のための水位管理やコンクリート護岸など、人の利用の拡大による影響を大きく受けています。一方、池は、農業の衰退やダム貯水池の建設などにより池が不要になるなど、逆に利用が減ってきたことによる影響を受けています。

ため池の水は農業に利用されるので、水がたくさん利用されるときには水が減ったり、なくなったりすることがあります。また、池の管理や魚などの生物資源の利用のために水を減らすこともあります。そのため遷移が進みにくく、また小規模で浅いため、水生植物群落が発達します。そして、そこに多様な水生昆虫が生息するなどユニークな淡水生態系が成立し、高い種多様性を保っています。

造られたものです。

表1　ため池の堤高別の数の変化

時期（年）	1952～54	1979	1989
調査対象ため池（受益面積）	5ha以上	1ha以上	2ha以上
堤高 (m)			
～5	15,794	39,374	28,054
5～10	23,430	47,206	32,749
10～15	6,541	8,178	6,005
15～30	2,247	2,602	1,815
30～	90	204	230
不明	869		
計	48,971	97,564	68,853
全ため池数	289,713	246,158	213,893

データは農林水産省が作成した「ため池台帳」による。主たる調査対象池の受益面積は、1952～54年度は5ha以上のため池、1979年度は1ha以上、1989年度は2ha以上と異なるために、この数十年の変化についても厳密にとらえることは困難である。

富栄養化する湖沼

大学院の講義の前に、修士課程1年生に「湖」から連想する言葉を書いてもらうと「汚れている」という回答がみられます。20代はじめの世代は、実はきれいな湖に触れる機会が少なかったのでしょう。日本の湖沼水質は1960年代から'70年代の高度成長の時代に急速に悪化し、さまざまな対策にもかかわらず、回復の兆しが見えない状況が続いています。

❶は釧路湿原東部にある達古武沼で大発生したアオコです。流入する水に、過剰ともいえる窒素とリンが含まれていると、湖沼や池ではこのようにアオコが大発生します。アオコの正体はシアノバクテリアという

❶ 達古武沼（北海道）のアオコ

植物プランクトン❷です。単細胞生物で一つ一つの細胞は数マイクロメーターと微小ですが、群体をつくります。そして、細胞内にガス胞を持っているため、水に浮きます。そのため、水表面に集積し、青い粉をふいたような、ひどくなると緑のペンキを流したような様相を示し、アオコ特有の異臭を放ちます。毒性をもつ系統があり、オーストラリアなどではアオコを含む水を飲んだ家畜が死亡する事件が報じられています。

本来、リンと窒素は生物生産を支える大切な資源です。一般に、生物の種数は利用可能な資源が豊富なほど増えると考えられます。ところが、過剰な資源は逆の影響を及ぼすことがあります。例えば、アメリカのティルマン博士らの実験から、施肥は草本の多様性を低下させることがわかっています。肥料の主成分であるリンや窒素などの栄養分が増加すると、植物は効率よく成長できるようになります。しかしそのことは、成長の速い種に有利にはたらき、比較的成長の遅い他種を打ち負かすことになると考えられます。

同じことがため池の水生植物についても成り立つようです❸。過栄養になる、つまりリンの量が多く

❷ アオコの原因となる植物プランクトン

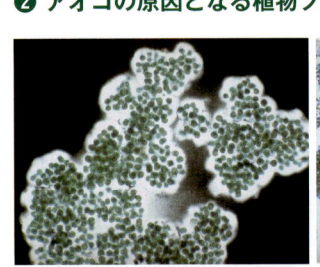
ミクロキスティス

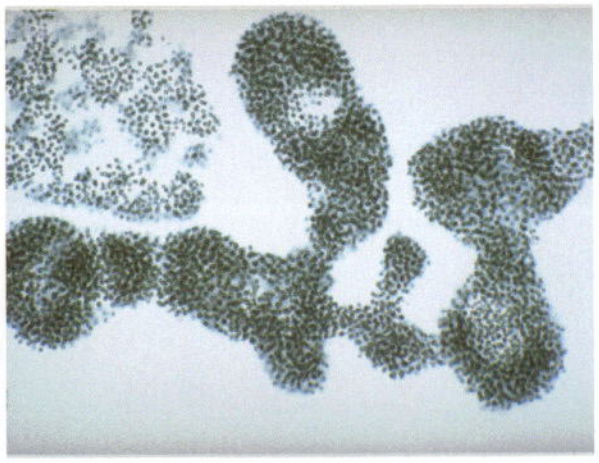

ミクロキスティス

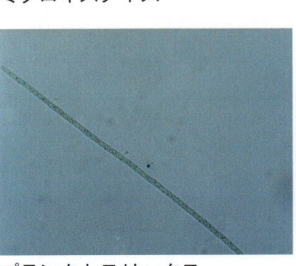
プランクトスリックス

ラフィディオプシス

なるとアオコが発生する池が増え、水生植物の種数も減少します。全リン量が水1リットルあたり0.1mg前後でアオコが発生する池が出始めますが、その程度ではまだ、水生植物の種数が多いことがグラフから読み取れます。そのため、水域にアオコがうっすらとでも発生しはじめることは、生物多様性の危機を知らせる予兆と考えることができます。この段階で手を打てば、水生植物の保全を図ることができるのです。

■なぜ、どのように、湖沼や池の生きものを守るのか？

アオコが発生した霞ヶ浦の水面

富栄養化の原因

ある湖沼や池に対して雨や雪が流れ込む範囲を、その湖沼や池の集水域（あるいは流域）といいます。湖沼や池に存在する水は、たいていは、その集水域と湖面に降った雨が集まったものです。自動車がいたる所を走り、農地では窒素肥料を過剰に使用し、化石燃料を燃やしているこのような現代社会では、大気は窒素酸化物を多く含みます。そのため、雨水は富栄養湖の湖水と同じレベルの窒素濃度を示します。雨は、農地や市街地を通過するとさらに窒素濃度を増加させ、河川や水路を通して湖沼や池に流入します。唯一、森林と湿地を通過した水が浄化されて流入します。そうした理由から、集水域の森林や湿地を保全し再生することは、湖沼の富栄養化を緩和させるためにたいへん重要です。一方、生活排水や畜産排水など、比較的人が管理しやすい汚染源は、湖沼や池に流入することがないよう徹底した管理が必要です。このように、集水域

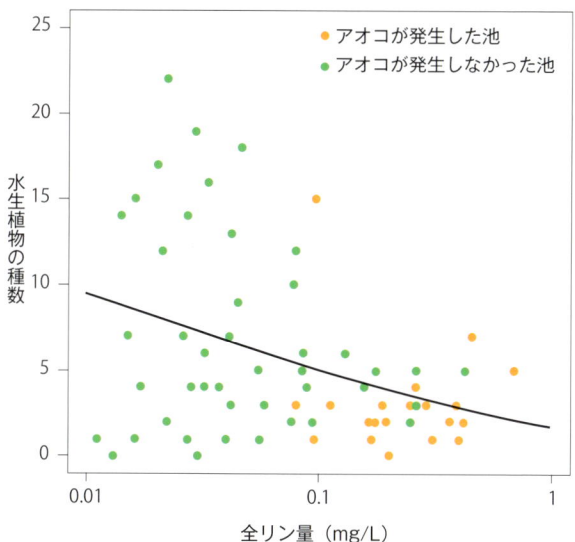

❸水中の全リン量と水生植物の種数

兵庫県南西部のため池に出現した水生植物の種数と水中の全リン量。●はアオコが発生した池。●が出始めるリン量でも、水生植物の多様性はまだ半分程度保たれている。この段階で手を打てば、多様性の消失を食い止めることができる。水生植物調査は神戸大学樋口伸介さんによる。

❹ トンボの種多様性とため池周囲の景観

上空からため池の周りを比較する。○部分が環境要素の調査を行ったため池。写真下の数字はみられたトンボの種数。市街地に囲まれていても、池の周囲に森林があり、池の中にも水草があるなどの条件が揃えば、トンボの種数は多くなる。

トンボの種数が最も多いため池　　　　　　　　　　　　　　　　　　　　　　　**トンボの種数が最も少ないため池**

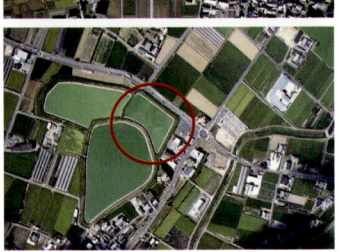

29～30種　　　　　　　　　14～19種　　　　　　　　　6種

湖沼や池の生態系の特徴

湖沼には、プランクトンのように岸から離れた沖だけで生活史を完結させる生きものと、トンボなどのように、一生の間で沿岸の水中と周辺の草地や林を行き来するものがいます。また、サケ科魚類のように、海・河川、そして湖沼を回遊する魚類なども知られています。河川や湖沼では、さまざまな水資源開発による構造物（ダムや堰）や導水路が、本来の生物の移動を阻害したり、新たな外来生物の侵入経路となり分布を拡大させることがあります。そのため、湖沼や池の生きものを守るには、集水域に注意を払うだけでなく、湖沼や池の周辺環境、そして、他の水系との繋がりにも、目を向けることが必要になります。

ため池の代表的な生物であるトンボ成虫の種多様性を決める要因についてみましょう。さまざまな環境要素と種多様性との関係を調べて

の土地利用を適切に管理することは、湖沼の水質を良好に保ち、かつ、生物多様性を保全するために、きわめて重要な社会的課題になっています。

兵庫県南部のため池でみられるトンボ
撮影／青木典司

オオキトンボ（絶滅危惧Ⅱ類）

コフキトンボ

ムスジイトトンボ

（兵庫県の絶滅危惧種）

コバネアオイトトンボ
（絶滅危惧Ⅱ類）

■なぜ、どのように、湖沼や池の生きものを守るのか？

兵庫県南部のため池でみられるトンボ
撮影／青木典司

ホソミイトトンボ

セスジイトトンボ

みると、トンボ成虫の種数が多い池は、水生植物の種数が多い、護岸をしていない自然の堤の周囲長が長い、水中の窒素濃度が低い、そして池から周囲200m以内の森林面積の割合が高いという四つの要素が満たされている程度が高いことがわかりました（❹）。このように、池周辺の環境要素も大切だとわかります。

一方で湖沼や池は、水中の生き物の間の相互作用が強くあらわれるという特徴をもつ生態系です。たとえば、食物連鎖の上位種である魚の捕食の影響が、そのえさとなる甲殻類動物プランクトンへの影響を通してさらにその下の植物プランクトンや透明度にまで段階的に影響します。これは「トロフィック・カスケード効果」と呼ばれます。ミジンコは甲殻類動物プランクトンのなかで、水の濁りの原因である水中の懸濁物質（植物プランクトンもその一つです）を食べ、水を透明にする効果をもちます。大型のミジンコほどその能力が優れているのですが、プランクトン食の魚は視覚で大型の餌を選んで捕えるため、大きなミジンコが先に食べられます。そのため魚の捕食圧が大きいほどミジンコのサイズが小さくなり、水を透明にする能力も低下します。結果として植物プランクトンが増えることになります。このように、プランクトン食魚の動態は生態系の状態を左右するのです。

浅い湖沼では沈水植物群落が発達します。沈水植物は、水中の窒素・リンを植物プランクトンと取り合うことなどで植物プランクトンの増加を抑え、湖沼や池の水を澄んだ状態に保ちます。しかし、何らかの原因で沈水植物群落の生育が抑えられ、それらが極端に減少すると、栄養分をめぐる競争相手がいなくなった植物プランクトンが大発生し、時にはアオコが出ることもあります。このように、生態系の主要な要素が変化

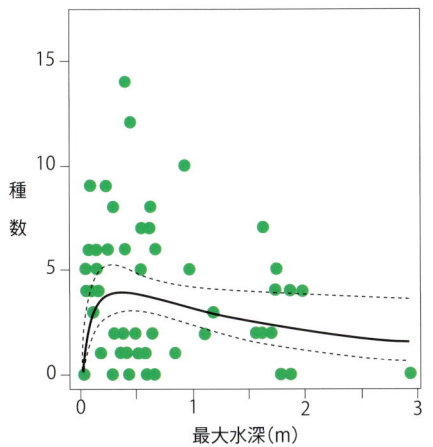

❺ ため池の水深と水草群落の種多様性

通常、生物の種数は、調べる範囲が大きくなれば増えていく。植物は光がなければ生きられないので、光が届きにくい水深の深いところには限られた種しか生育できない。そのため水草では、池の水深が深くなるにともなって種数が減っていく。

❻ ため池の面積と水草群落の種多様性

ため池の水草の種数は、池の面積が0.2〜0.5ha付近で最大となった。このことから、水草の多様性を保全するには、大きな池ひとつではなく、小さな池を複数残す必要があることがわかる。

することで水域の様相が一変するというのは、水の入れ換え速度が遅い湖沼や池にあらわれる特徴的な現象です。湖沼や池の生態系管理や生物多様性の保全には、周囲の環境との関係性と水中の生物の関係性の双方を、十分に考える必要があります。

小さい池の集合として保全する

表1に示したように、この半世紀の間に、日本のため池の数は劇的に減少しています。しかし、技術の向上や管理の効率化のために、大型のため池の数は増えています。一般に、生物の種数は、調査面積が増えると多くなるという関係が知られています。ため池についても池面積が大きいほど種数は多くなるのでしょうか。

池の生きものの生息基盤となる水生植物の種数について、池の水深❺と池の面積❻との関係を調べたところ、種数は池の水深が深くなると減っていくという関係がありました。また、面積については、おおよそ0.2〜0.5ヘクタールをピークに減少しました。つまり、ため池では、小さく浅いほど多様な水生植

物群落が発達し、生物の生活場所の異質性が高くなり、生き物の数は多くなると考えることができます。生き物の数が多くなると考えることができます。生きものの数が増えれば種数も増える、という一般的な関係とは異なる結果になったのです。

一時的に水位が低下するような小さな水域や孤立性の高い水域では、魚類がいないことがあります。しかしそのような水域では、大型の水生昆虫や甲殻類、両生類が豊富な独特の生態系が発達します。ため池を調査していると、となりあう池の生物相がまったく異なることが、たびたび見られます。そのため、ため池の生物多様性の保全には、同じ面積からなるひとつ、あるいは2、3の大きな池よりも、小さい池の集合を保全する方が有効だといえます。

蔓延する外来生物

外来生物の蔓延は、湖沼や池でも大きな問題となっています。❼ここでは、定置網で捕獲された霞ヶ浦の魚類データを示しています。ブルーギル、オオクチバス、チャネルキャトフィッシュなどの外来魚の量が、水産有用種をはるかにしのいでいる実態がわかります。オオクチバスとチャネルキャットフィッシュは魚食性で、ワカサギやヌマチチブなどの水産有用種に壊滅的な打撃を与えていると推測されます。

兵庫県南西部のため池での定置網調査では、明らかに国外から移入された外来動物として、**オオクチバス、ブルーギル、タイワンドジョウ、タイリクバラタナゴ、シシッピアカミミガメ**（以上魚類）、**ミシシッピアカミミガメ**（爬虫類）、**ウシガエル**（両生類）、**アメリカザリガニ**（甲殻類）が採集されました。ブルーギルは60％の池で捕獲され、アメリカザリガニとウシガエル幼生は、ともに29％の池で捕獲されました。ブルーギルは捕獲個体数も多く、全捕獲魚類個体数（9432匹）の32％を占めました（表2）。調査では、ヌートリア（哺乳類）や

生物多様性の高いため池の特徴

1. 池の周囲200mの森林面積の割合が高い
2. コンクリート護岸されているところが少なく、池の周囲に草むらが長く続く
3. 水生植物の多様性が高い
4. 水質が良好
5. 外来生物の侵入がない

■なぜ、どのように、湖沼や池の生きものを守るのか？

■特定外来生物

日本在来の生物を捕食したり、これらと競合したりして、生態系を損ねたり、人の生命・身体、農林水産業に被害を与えたりする、あるいはそうするおそれのある外来生物。外来生物法では、これらの生物による被害を防止するために、特定外来生物等として指定し、その飼養、栽培、保管、運搬、輸入等について規制を行うとともに、必要に応じて国や自治体が野外等の外来生物の防除を行うことを定める。

■要注意外来生物

現時点では特定外来生物として外来生物法の規制対象となっておらず、飼ったり栽培することなどができるが、生態系や人の生命に対する被害が指摘され、取扱いに注意が必要な種。

❼ 増える外来魚類

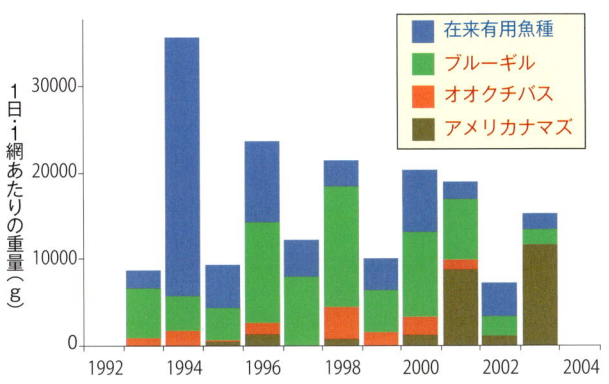

定置網を使って調査したところ，漁獲量の中で外来魚が占める割合が多くなっていることがわかる（1993～2003年，茨城県内水面水産試験場の調査による）

11種の外来の水生植物（コカナダモ、オオフサモ、アゾラ（アメリカオオアカウキクサ）、ミジンコウキクサ、ヒナウキクサ、スイレン、ホテイアオイ、キショウブ、シュロガヤツリ、キシュウスズメノヒエ、チクゴスズメノヒエ）とも出くわしました。なお、ここで赤い文字で示した種は特定外来生物・オレンジ色の文字で示したのは要注意外来生物に指定されている生物です。

ブルーギルとアメリカザリガニの生態系影響

湖沼やため池で蔓延しているブルーギルとアメリカザリガニは、それぞれ異なるプロセスでアオコの発生を誘導します。

ブルーギルは一般に、ミジンコなどの甲殻類動物プランクトンや底生動物（ベントス）、エビ類（テナガエビやスジエビ）などを食べています。ブルーギルの産卵期のピークの六月上旬～七月中旬は、水温や日射量が高い時期で、孵化したばかりの稚魚は、旺盛な食欲で動物プランクトンを食いつくします。そのため、トロフィック・カスケード効果により、ブルーギルが侵入している水域では、本来なら動物プランクトンの摂食活動により量が抑えられている植物プランクトンが大増殖し、アオコの大発生を促すことになります。

オオクチバス
バス釣りに人気が出たため放流されて全国に広がった。魚食性で，魚を直接襲って食べてしまう。このような食性をもつ魚はもともと日本の淡水生態系にはいなかったので，在来の魚類は逃れるすべをもたない。ブラックバスが定着した水系では，在来の魚の減少が起こっている。

ブルーギル
水草から魚，昆虫，甲殻類と何でも食べ，水中生態系に影響を与える。

タイリクバラタナゴ
中国，朝鮮半島，台湾原産。ソウギョが移入されたときに混ざっていたと考えられている。日本在来のニッポンバラタナゴと交雑し遺伝子汚染を引き起こす。また，在来のタナゴ類の産卵場所を奪うおそれもある。

ワカサギ

ヌマチチブ

一方アメリカザリガニは、水草を刈り取りながら徘徊し、巣穴を掘って生活します。そのため、沈水植物が豊富な池にアメリカザリガニが侵入すると、沈水植物群落を破壊することを通して、植物プランクトンやアオコの発生を促すと考えられます。

「ブルーギルやアメリカザリガニが増えるとアオコが発生する」というのは、科学的プロセスを理解していないと、「風が吹けば桶屋が儲かる」ととらえられるような、因果関係を無理矢理つなげてできた説明だと思われるかもしれません。しかし、私たちはまず、野外調査や生き物の生態観察から因果関係に関する仮説を立てます。そうしたうえで、生態系の主要な構成要素を取り込んだ複数のミニ湖沼、いわゆるメソコズム⑧を用いて、そうした因果関係の検証を行います。このようにして、生態系に大きな影響を与える生き物を見極め、その生態プロセスを理解するのです。こうした調査は、水域管理や自然再生を成功させるのに重要な情報や自然再生を成功させるのに重要な情報を提供します。

表2 ため池98池を対象に定置網24時間を仕掛け、捕獲した生物種と個体数

綱	目	科	種名	総個体数	出現池数
爬虫綱	カメ目	イシガメ科	ニホンイシガメ	8	7
			クサガメ	396	65
		ヌマガメ科	ミシシッピアカミミガメ	63	17
			スッポン	1	1
両生綱	カエル目	アカガエル科	ウシガエル	9	6
			ウシガエル幼生	5,955	28
硬骨魚綱	コイ目	コイ科	コイ	33	9
			ゲンゴロウブナ	3	3
			フナ属の一種	250	31
			イチモンジタナゴ	40	2
			ヌマムツ	13	1
			カワバタモロコ	170	3
			タイリクバラタナゴ	108	2
			モツゴ	4,760	37
			タモロコ	424	18
			スゴモロコ属の一種	6	1
		ドジョウ科	ドジョウ	18	4
	ナマズ目	ナマズ科	ナマズ	13	9
			ウナギ	2	2
	ダツ目	メダカ科	メダカ	291	5
	スズキ目	サンフィッシュ科	ブルーギル	2,998	59
			オオクチバス	110	21
		ハゼ科	ウキゴリ	6	2
			トウヨシノボリ	161	28
		タイワンドジョウ科	タイワンドジョウ	11	4
			タイワンドジョウ科の一種	15	11
甲殻綱	エビ目	テナガエビ科	テナガエビ	1,380	26
			スジエビ	8,784	42
		ヌマエビ科	ミナミヌマエビ	27	6
		イワガニ科	モクズガニ	3	3
		アメリカザリガニ科	アメリカザリガニ	281	26

2001～2007年の兵庫県南西部98池での定置網データ
■：国外外来種、■：絶滅危惧種

❽ 霞ヶ浦に設置された実験用のミニ湖沼、メソコズム

外来種駆除のディレンマ

ブルーギルはブラックバスと共存して存在し、在来のコイ科魚類などを絶滅においやるため、特定外来生物に指定され、現在、各地で駆除活動が行われています。最近になって再開され始めているため池の「池干し」もその1つです。

私たちの調査地である兵庫県南西部では、'70年ごろまでは、稲の収穫が終わった十月末頃から二月頃に池の水を落とし、樋（ため池の水を放出・流下させるための水門もしくは管）の点検、泥吐け（池の底にたまった泥を流すこと、掻い掘りとも呼ばれます）、雑魚とり（じゃこどり）、時にはレンコン掘りなどをしていたようです。この「池干し」という行為が、池の生物群集にどのような効果をもたらしていたのかについては十分わかっていませんが、泥を流すことで池底に溜まった有機物を減少させる効果や、魚を取り上げることで池に溜まった窒素やリンを取り除くなど、池を攪乱して自然の遷移を止める効果があったと考えられます。

この「池干し」を、行政の指導な

ども背景に、外来魚の駆除だけでなく、水質浄化や身近な生きものを知るための環境学習を目的に加え、再開するところがあります。私たちが、池干しの程度と外来動物の分布の関係を調べたところ、ブルーギルの出現は、池干しをする池で少ない傾向を示したものの統計的に差は認められませんでした（❿-a）。ブルーギルは、天然水（井戸水・天水・山からしみ出る水）だけを使用したため池より、ダム水や農業排水を使用しているため池で高頻度に出現しました（❿-b）。そのため、池干しの効果が水源からの移入により相殺されているのではないかと考えられます。

一方アメリカザリガニは、ブルーギルとは対照的に、池の水源の違いによる差はなく（❿-d）、完全干しや減水する池に出現しました（❿-

c）。アメリカザリガニは、水がなくても、しばらくは穴を掘って池底などに潜んでいることができるためです。

私たちの調査池では、ブルーギルとアメリカザリガニの2種は、一方が多ければ他方は少ないという関係を示しました。両種の関係については、実験的な研究が必要ですが、ブ

ため池の調査風景

❿ 池干しの程度，池の水の供給源と，ブルーギルおよびアメリカザリガニの出現

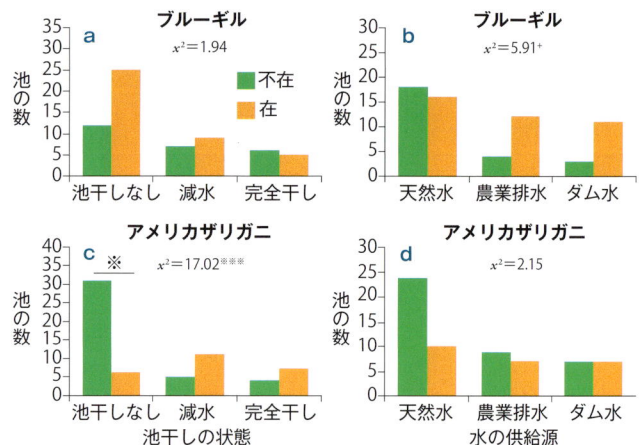

池干しの程度は、干さない、減水（水量を1/2以下に減水）、完全干しの3段階に区分した。一方、水の供給源は、天然水（湧水、雨水、井戸水）、農業排水（水田や用排水路からの供給）、およびダム水の3段階に区分した。

ルーギルを駆除するとアメリカザリガニのさばり、アメリカザリガニを駆除するとブルーギルがのさばる、という関係があるようです。すでに、ブラックバスを駆除すると、その餌となっていたアメリカザリガニが増えたという実験研究があります。外来種の駆除には、こうしたディレンマについても考える必要があります。

生きものを介したかかわりを繋ぐ

「池干し」についての聞き取り調査では、調査した59池の中で、もともと池干しをしていない池が6池、廃止してしまった池（頻度を著しく減らした池を含む）が45池、現在も継続している池が8池ありました。廃止した池について「いつ頃まで池干しをしていましたか？」との問いには40池で答えが得られ、1960年代から'70年頃までという回答が最も多く得られました。興味深く思ったのは、「現在も継続している」と答えた8池では、4池が「レンコン掘り」をしている池で、残りの4池は「雑魚とり」をしている池というものでした。堤体や樋の管理、もしくは泥吐けなど、ため池そのものの整備・点検だけの目的で継続しているところはなく、生きものを収穫するという楽しみに繋がる行為が、継続の力になっているのではないかと思っています。

湖沼や池は、さまざまな恵みを私たちに与えてくれます。私は、こうした多様な恵みを子々孫々に引き継ぐことが大切であると考えると同時に、現在それが危機的な状況にあるという認識を持っています。「なぜ、湖沼や池の生きものを守るのか」と問われたら、湖沼や池の恵みは、生産や分解などの物質を循環させる生物のはたらきにより支えられてお

■なぜ、どのように、湖沼や池の生きものを守るのか？

レンコン掘り。収穫の楽しみは池のようすに関心を持ち続けることにもつながっていく（撮影／今田美穂）

池干しは子どもたちにとっても池の環境にふれる好機（撮影／角野康郎）

り、こうしたはたらきに、生物多様性が深く関与していると説明するでしょう。

一方、私はこれまで色々な湖沼や池で環境調査を行なってきましたが、それぞれの地域に特色のある多様な生きものがすむ水辺での調査が最も楽しい、ということを実感しています。そういう意味で、生物多様性が心にうったえる力は、とても大きなものだと思います。その土地に昔から棲んでいる多様な生きものの魅力を多くの人々が共有し、生きものを通じた人間どうしのかかわりを伝えあっていくことができる、そのような地域社会を築き上げることが大切だと考えています。

用語解説

栄養塩の循環（えいようえんのじゅんかん）

生きものの体を構成するさまざまな物質は、1か所に長くとどまることはなく、生態系のなかを循環しています。例えば、植物は光合成をして炭水化物をつくり、それを根から吸収した窒素やリンなどの養分と組み合わせてタンパク質やDNAなど、生命活動にとって必須な物質をつくります。しかし、植物が枯れて落ち葉や枯れ木になれば、やがて土に還ります。

「土に還る」とは、「有機物が無機

25 水に溶けて湖沼に流れ込んだ栄養塩は植物にとりこまれ、植物を食べる動物やそれらの動物を食べる動物を通じて再び湖沼の外に戻っていく（撮影／森口紗千子）

物に分解される過程」と言いかえることができます。タンパク質などの有機物は、土壌中の微生物のはたらきにより、やがて無機物であるアンモニウムイオンや硝酸イオンに分解されます。こうした無機物を「**栄養塩**」といいます。栄養塩は有機物に比べてはるかに分子量（物質の単位あたりの重量）が小さいので、陸上植物の根や植物プランクトンの細胞から直接吸収することができます。そして吸収された窒素やリンは、再び生命体の材料に使われるのです。

こうした一連の流れを**栄養塩循環**とよびます。もちろん、われわれ動物もこの栄養塩循環のなかに組み込まれています。草食動物は植物から直接栄養をもらいますが、肉食動物もやはり草食動物を通して間接的に植物から栄養を得ています。このように、栄養塩の循環は、**食物連鎖**とも密接に関係していて、生態系のいわば動脈や静脈のような役割を果たしているのです。

（宮下 直）

里山の生物多様性を支えるもの
モザイクのような生息地を守るための知恵

宮下 直
トキのすむ佐渡の調査地で

みやした ただし
東京大学准教授。里山などの身近な環境にすむ生物を対象に、生物間のかかわりを解き明かす群集生態学の研究に取り組んでいる。クモ、昆虫、ザリガニ、カエルなど多彩な生物を扱っている。

地球上には、とてもたくさんの生きものがいます。その生物の多様性に危機が訪れている今、生態学は多様性を守る科学としての役割を期待されるようになっています。里山を舞台に、生態学の研究からわかってきた多様性が生まれ維持されてきた理由を紹介し、多様性を守るための方策を考えます。

最近の生態学では、生物多様性がどのようなしくみで形成されてきたのか、また生物多様性を保全するにはどのような方策が有効かといった研究がさかんに行われています。生態学は「生物の生活に関する科学」とも「生物と環境との関係を扱う科学」ともよばれる学問で、生物多様性の危機に関心が高まる前から、ずっとその研究を続けてきたと言った方がよいかもしれません。

では、こんな科学の研究を行う「生態学者」には、どんな人がなるのでしょう。私は、大きく3つのタイプに分けられると考えています。まず、子どものころから特定の生きものに並外れた執着を持ってきた人、例えば昆虫少年などです。このタイプは、好きなことを趣味ではなく本職にしてしまった幸せな人たちです。2番めは、複雑な自然現象をできる限り単純化して、簡単な理論で説明することに美しさを感じ、魅了されてしまった人です。物理学者でも通用しそうなタイプの人です。3番めは、思春期以降、特に大学入学後に環境問題に関心を持ち、生物や生態系の保全にかかわる勉強をしたいと考えるようになった人です。このタイプ

サカハチチョウ（撮影／大塚孝一）

コムラサキ（撮影／須賀丈）

ヤマキチョウ（撮影／鶴藤俊和）

■里山の生物多様性を支えるもの

ウラギンヒョウモン（撮影／須賀丈）

スミナガシ（撮影／大塚孝一）

ツマグロキチョウ（撮影／宮下俊之） 　　　ミヤマシジミ（撮影／宮下俊之）

表1　昭和40年代に我が家に来た蝶

主な生息地	種
荒地、草地	ミヤマシジミ、ツマグロキチョウ
疎林	ヤマキチョウ、ホシミスジ、ウラギンヒョウモン
森林	スミナガシ、コムラサキ、サカハチチョウ、クロヒカゲ

赤字は環境省のレッドリストで絶滅危惧Ⅱ類に指定されていることを示す

は現実的な人が多いように思います。

私は間違いなく1番目のタイプです。これは私が長野県の伊那谷出身であり、物心ついた頃には、父親の運転するバイクに兄と3人乗りで、山へ蝶採りに出かけていた原体験があるからです。小学生になって自分で採集するようになると、自宅の周辺にも、山にしかいないと思っていた種類の蝶が意外にたくさんいることに気づきました（表1）。この中には、今では環境省のレッドリストの絶滅危惧Ⅱ類に掲載されている種もいます。

蝶以外にも、近所には今となっては信じられないような生きものがいました。毎朝、家の前の電線ではクロツグミが鳴いていましたし、近くの小学校にできたばかりのナイター照明の下には、無数のナミゲンゴロウがころがっていました。最近では、これらの生きものはまったく姿を消し、ヤマトシジミとナミアゲハ、そして温暖化で北上してきたツマグロヒョウモンといった、東京のど真ん中でも見られる生きものしかいなくなってしまったのです。

ナミゲンゴロウ（撮影／西原昇吾）

ホシミスジ（撮影／鶴藤俊和）

クロヒカゲ（撮影／須賀丈）

環境のモザイク性

私が小学生だった昭和40年代半ばと最近の土地利用を比較したのが❶です。河岸段丘の上には桑畑と宅地が広がり、段丘の斜面には雑木林、そして段丘の下には水田と宅地が広がっていました。河岸段丘は2段ありますが、同じような土地利用の繰り返しになっていました。表1に示した蝶の生息環境は、「荒地・草地」を桑畑の縁や水田の畦を荒地と考えると、ひととおり揃っていたことになります。ところが最近の地図を見ると、桑畑はすっかり宅地に変わり、水田もわずかしか残っていません。段丘の斜面にあった雑木林も斜面自体が崩された場所もあって、半分くらいが宅地に変わっています。これでは多くの生きものがいなくなるのも当然です。このように、生きものの種類が減少することを、「種多様性の低下」といいます。「種多様性」とは生物の種類の多さのことで、生物多様性の重要な要素となります。

❶では、土地利用のちがいを色の塗り分けで示しています。これを見ると、昭和40年代には、いろいろな利用形態が混ざり合って、モザイク

❶ 昭和40年代前半と平成17年頃の飯田市近郊の土地利用図

■水田 ■森林 ■桑畑 ■宅地 ■果樹園 ■空き地 ■畑

昭和40年代前半　　　　平成17年頃

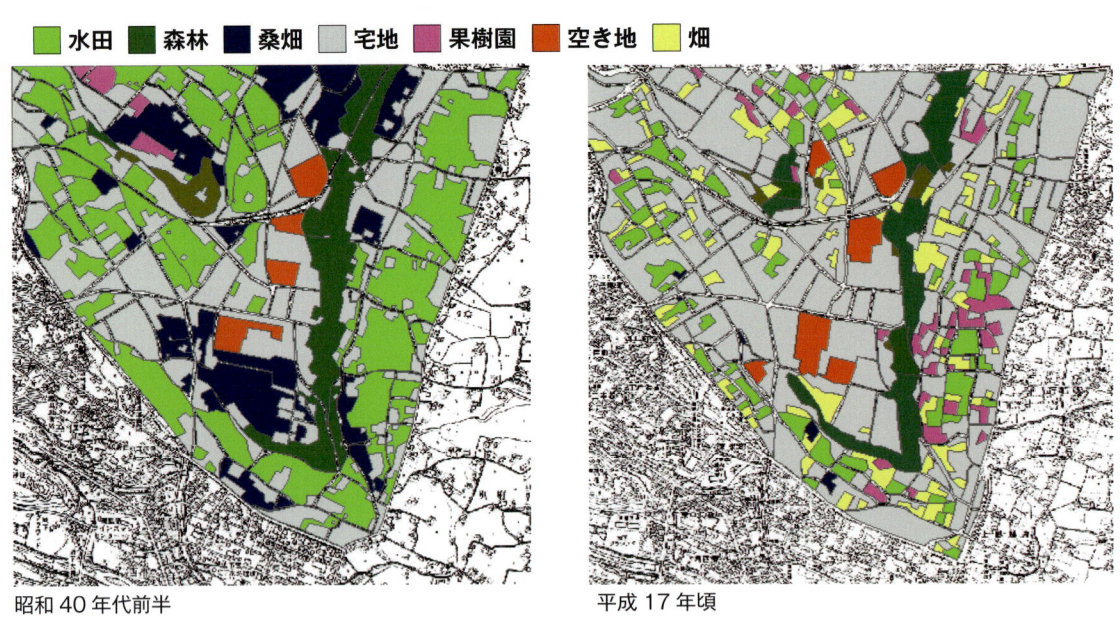

❷ 種多様性の階層性

γ多様性＝8

α多様性＝5　　β多様性＝8/5＝1.6　　α多様性＝5

A B C D E　　　　　　　A F G H E

生息地①　　　　　　　生息地②

景観全体

A～Hの記号は、各生息地内の生物の種類を示す。同じ記号は、同じ生物であることを意味する。モザイク状の生息地①と②にはそれぞれ5種類ずつの生きものがいて、AとEは①と②の両方でみられるため、この景観全体では8種類の生きものがいることになる。

■里山の生物多様性を支えるもの

⓭兵庫県の棚田。水田，ため池，畑，草地，植林地，雑木林等々モザイク状の景観がみられる（撮影／大澤剛士）

画のようになっていることがわかります。生態学ではこれを、そのまま「景観のモザイク性」と呼んでいます。「景観」とは、ここでは人間が見渡せる範囲の環境と考えてください。

こうした景観のモザイクをつくる部分のひとつひとつは、地形のちがいや土地利用のちがいなどによって、それぞれ異なった性質をもちます。そしてこのモザイクの部品は生物のすみかでもありますから、性質のちがいはそこにすむ生きもののちがいにつながります。そのため、同じ広さの景観の中でも、モザイク性が高いほうが多くの種類の生きものが生息できることになります。

種多様性の階層

最近の生態学では、生物の種多様性が決まるしくみを階層的にとらえる習慣があります。理由は、種多様性に限らず、さまざまな事象が階層的（入れ子構造）で成り立っている、あるいはそう考えると理解が進むからです。物理や化学でいう「陽子、原子、分子」も、生物学の「分子、細胞、組織、器官……」もそうですね。

種多様性の場合は、α多様性、β多様性、γ多様性の3種類に分けて考えます ❷。α多様性は「生息地内の多様性」のことです。ここで生息地とは、周囲とは異質な環境で、その内部の環境はほぼ均質な空間を意味します。別の言い方をすると、モザイク状の景観の一単位ととらえることができます。次に、これらモザイク状の生息地全体で見られる種多様性がγ多様性です。最後に順番が逆になりましたが、β多様性は「生息地間の多様性」です。これは生息地間で構成種がどれだけ入れ替わっているかの尺度です。式であらわすと、γ多様性をα多様性の平均値で割った値になります。

スミナガシの食草、アワブキ（撮影／大塚孝一）

里山はなぜ生物多様性が高いか

さて、里山はよく生物多様性が高いといわれています。その理由として挙げられるのは、「人による管理や利用」と「環境のモザイク性」です。

里山とは、人里に近い森林と、そのまわりにあるため池や田んぼ、用水路など、かつての村の生活を支えていた景観をいいます。里山の森林では、肥料や燃料の採集のために、定期的に雑木林の落葉かきや薪炭木の伐採が行われてきました。これは、下枝ややぶの成長を抑えて林床を明るい状態に保つことにつながります。これによって、カタクリやアズマイチゲなどの春植物が生育できていました。ウシやウマなどの家畜のかいばやかやぶき屋根の材料を取るための草地や田んぼ周辺の草刈りも、ササなどが一面をおおってほかの植物の生育をさまたげるのを防ぎ、オミナエシやキキョウなどさまざまな草原生の植物の多様性に寄与してきました。

ここではそれらが多様性におよぼすしくみを、α、β、γの種多様性の階層に沿って考えてみましょう。

⑤ 田畑のあぜの草刈りも、生態学の目で見ると攪乱の一種ととらえられる。丈高く伸びて他の植物をおおう特定の種類だけが繁茂することを抑えることになるので、競争排除を抑制する効果がある（撮影／松村俊和）

㉘ 早春、樹木の芽吹きが始まる前に光合成を行って種子をつくり、木の葉が茂って林内が暗くなるころには姿を消す植物を春植物とよぶ。カタクリやアズマイチゲはその代表。盛岡市東端、早坂峠で（撮影／堀野眞一）

■里山の生物多様性を支えるもの

30 落葉かきは林内の地表を明るく保ち，下草の生育環境を保つことにつながる（撮影／稲永路子）

ざまな植物の生育地を提供することになりました。こうしたさまざまな植物が生える草地は、そこに生える植物だけでなく、草原性の昆虫や鳥などの貴重なすみかになっていました。環境省レッドリストの絶滅危惧Ⅰ類とⅡ類に指定されている蝶類の、実に60％がこうした草地に依存する種で占められているのは、そのあらわれです。以前私の自宅の近所にいたミヤマシジミやツマグロキチョウもそのなかまです。

こうした里山への人間の手入れ、つまり人為管理は、生態学的には、生態系に対する外的な「攪乱」ととらえることができます。攪乱が多様性を高めるしくみを生態学的に表現すると、「競争排除の抑制とそれによる多種共存の実現」といえます。つまりに、攪乱がないと競争に強い種だけが生き残るが、攪乱があると競争に強い種が適度に間引かれるので、弱い種も生き延びることができ、結果的に多様性が高まるという理屈です。これは生息地の生物多様性、すなわちα多様性を高める効果と言い換えることができます。

環境のモザイク性と生物多様性の関係は、いうまでもないでしょう。

前にも述べたように、景観のモザイク性は、ほぼ自動的にβ多様性を高めるからです。水田と雑木林では、そこにすんでいる生物の種構成は全然ちがうので、β多様性は高くなり、結果としてγ多様性、すなわち里山全体の多様性が上がるのは当たり前です。

ところが、モザイク性の効果はβ多様性を高めるだけではありません。生きもののなかには、複数の生態系の存在が不可欠な種もたくさんいます。例えば、カエルなどの両生類やトンボなどの水生昆虫は、幼生（オタマジャクシ）や幼虫（ヤゴ）の時期は水田やため池で暮らしますが、親になると森などの陸上に移動します。また魚類でも、ドジョウのように繁殖は主に水田で行い、成長すると水路や河川に移動する習性をもつものもいます。つまり、森と水田、森とため池、ため池と河川、といった生態系の組み合わせがこれら生物の存続を可能にし、それが里山全体の生物多様性を高めているといえます。

サシバ（撮影／叶内拓哉）

ドジョウ（撮影／関慎太郎）

イモリ（撮影／関慎太郎）

環境の組み合わせは生物多様性を高める

ここまでみてきたように、環境のモザイク性が生物多様性を高めるしくみは2つに分けられます。①環境のちがいによって生息する種が異なるという単純な効果と、②異なる環境の組み合わせにより新たな種が出現するという効果です❸。①の効果はβ多様性を増加させます。そして②の組み合わせの効果は、それぞれの生息地のα多様性を増加させます。これは、水田にすむカエル類が減少するにつれ、雑木林に住む蛾の幼虫などの昆虫類に餌の対象を変化させることに対応しています。

最近、絶滅種の野生復帰として話題になっているトキやコウノトリも同じです。私が最近かかわっている佐渡島のトキの例で説明しましょう。一般にトキはドジョウを専門に食べていると考えられていますが、ドジョウ以外にもカエルやイモリ、そしてカエルやトンボのように、成長段階で利用する環境が異なる生物が一生をまっとうするには、明らかに複数の環境の組み合わせが必要です。しかしそれ以外の生物にも、複数の環境を必要とするものは少なくありません。里山の代表的な猛禽類であるサシバはその好例です。サシバは、春先から初夏にかけて水田周辺を利用しますが、盛夏に

❸ 里山環境と種多様性の階層性

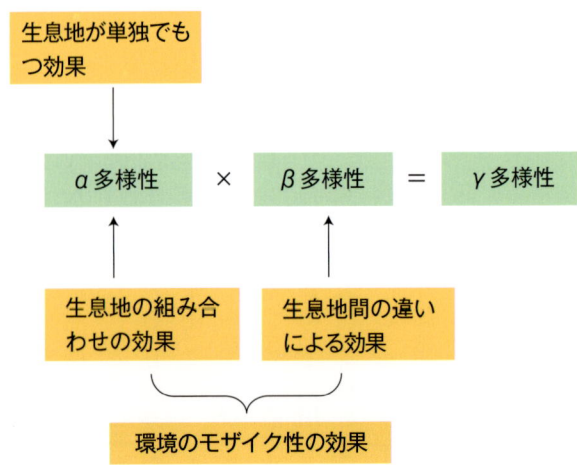

生息地が単独でもつ効果
↓
α多様性 × β多様性 = γ多様性
↑　　　　　↑
生息地の組み合わせの効果　生息地間の違いによる効果

環境のモザイク性の効果

■ 里山の生物多様性を支えるもの

冬の水田でえさをとるトキ。ドジョウをくわえている（撮影／永田尚志）

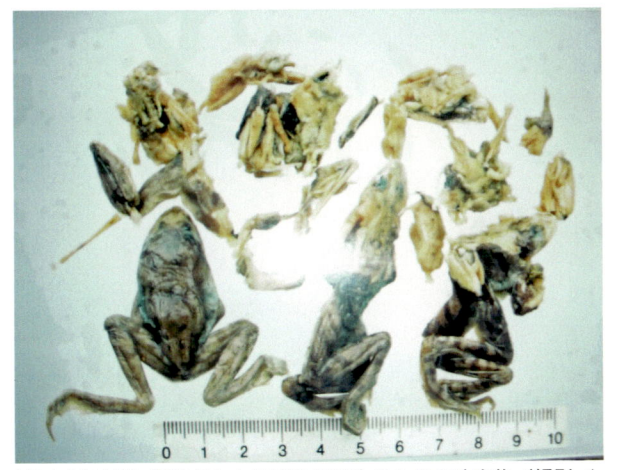

70年ほど前に採集された佐渡島の野生のトキの吐出物（撮影／佐藤春男氏）。ヤマアカガエルの未消化個体が多数見られる

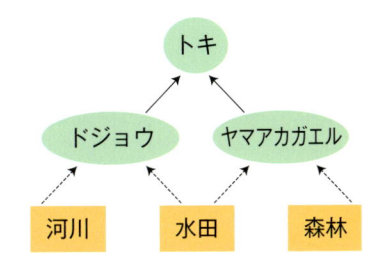

ヤマアカガエル（撮影／吉尾政信）

❹ トキを支える食物網と生息地の連結性
実線の矢印は食う食われるの関係、破線は必要な生息地を表す。

　昆虫など様々な種類の餌に依存しています。ここで注目すべきは、ドジョウは「水田と河川」、ヤマアカガエルとイモリは「水田と森林」という複数の環境が生息にとって必要な点です。カエルはともかく、ドジョウは一見水があればどこにでもすめそうなイメージがありますが、そうでもないのです。ドジョウの産卵は、粘着性のない卵を泥の上にばらまくだけです。そのため、河川の氾濫原のような一時的な止水域が減少している現在では、水田が非常に重要な産卵場所になっているようです。最近の研究によれば、用水路に生息するドジョウの密度は、水田と連結している場所で非常に高くなることが知られています。つまりトキについては、主要な餌そのものが、すでに生息地の組み合わせの効果の産物であることがわかります。また、ドジョウとヤマアカガエルは、それぞれ別の生息地の組み合わせを必要としています。それらの存在の上に成り立っているトキは、生息地のネットワークと食物連鎖のネットワーク（食物網と呼びます）が連結した高次のネットワークに支えられていると言うことができます❹。

45 トキのすむ里山。画面中央やや左の枯木の先端にトキがとまっている（撮影／永田尚志）

空間と生きもののネットワーク

このような空間構造と食物連鎖を統合する視点は、ある地域の種の多様性がどのようにして成り立っているのかを研究する「群集生態学」という分野で、最近になって注目されるようになってきました。里山だけでなく、森林、沿岸、島嶼など、さまざまな生態系でその重要性が認識され始めています。

ネットワークの意味をもう少し深く考えてみましょう。生態学では、ネットワークを構成する各要素のことを「ノード」、ノード間をつなぐ線のことを「リンク」といいます。図4の例でいえば、ノードは河川、水田などの生物の生息地や、トキやドジョウなどの生物種に、リンクは生物の往来や食う食われるの関係にあたります。トキが生息するには、図中のすべてのノードとリンクの存在が必要と考えられます。

したがって、トキのように、複数の生息地を必要とする餌生物に依存する捕食者が生存するには、それら餌生物を支えるモザイク状の景観がただ「ある」だけでは不十分で、そ

■里山の生物多様性を支えるもの

えさをとるトキの群れ（撮影／環境省）

　れぞれの生息地（ノード）の質や連結性（リンク）も条件になります。
　まずリンクについて考えると、水路から水田への段差が大きく急角度になると、ドジョウは水田へ侵入できなくなり、ドジョウの個体数は減少するでしょう。また、水田と森林の間の水路が3面コンクリートで固められると、ヤマアカガエルは水田と森林の往来ができなくなるので、やはり個体数は著しく減少します。
　ノードの質ももちろん重要で、例えば春先に水田に水が張っていないとヤマアカガエルは産卵できなくなるし、水田に農薬が多く散布されれば生きものが死んでしまいます。入れものとしての水田や森や河川がただ「ある」だけでは不十分なのです。

空間スケール

次に、ネットワークが機能するために必要な、もう1つの隠れた条件を紹介しましょう。私たちは、新潟県佐渡市の水田を対象に、トキの主要な餌のひとつであるヤマアカガエルがどのような環境にたくさん生息するかを統計的に解析しました。その結果、水田1枚あたりの卵塊数は、水田を中心とした半径300m以内にある森林の被覆率（面積割合）が50〜60％の環境で最も多くなることがわかりました（❺）。被覆率50〜60％というのは、水田と森林がほどよく混在している環境であることを意味します。このカエルはオタマジャクシから カエルへ変態すると主に森林の林床で暮らすことがわかって

いるので、これ自体は特に新しい発見とはいえません。重要なのは、半径300メートルという空間の広がり（空間スケール）です。つまり、ヤマアカガエルのオタマジャクシがカエルへと変態したあとのすみかとなる森林が、オタマジャクシがすんでいた水辺から300メートル以内に十分な量存在しないと、ヤマアカガエルの生活が成り立たないことがわかったのです。同じような空間スケールは、同じような生物でも種類によって異なっています。このようなカエルのなかまであるモリアオガエルについても調べたところ、半径1キロメートル以内の森林の被覆率が高いと個体数が増えることがわかりました。

ネットワーク図はノードとリンクのみで構成されていて、空間スケー

ヤマアカガエルの卵塊

ヤマアカガエルのオタマジャクシ

モリアオガエル

モリアオガエルの卵塊
（以上撮影／関慎太郎）

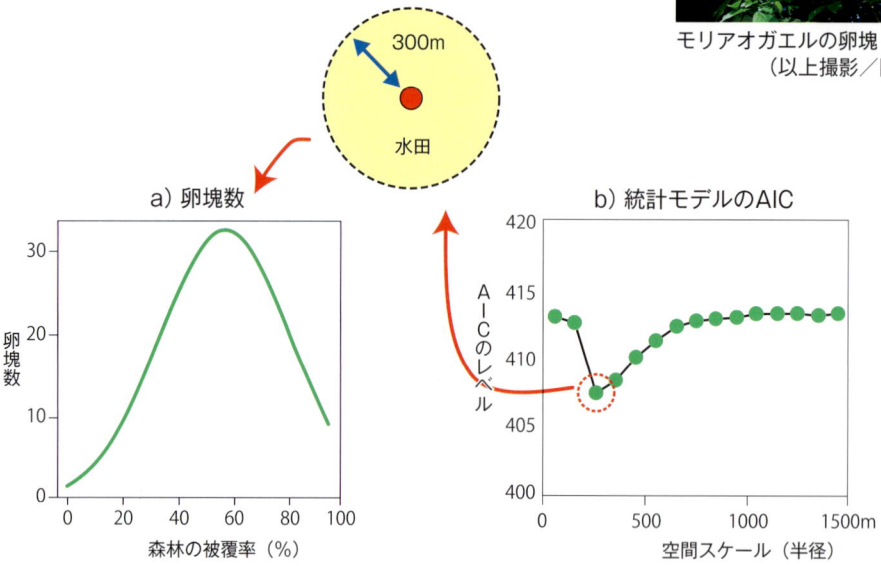

300m
水田

a) 卵塊数

卵塊数

森林の被覆率（％）

b) 統計モデルのAIC

AICのレベル

空間スケール（半径）

❺ **ヤマアカガエルの卵塊数と森林被覆率の関係を調べる**
卵塊数と空間スケールの関係を説明する統計モデル（数式）をつくり、AIC（赤池情報量基準）という指標を使って、できるだけシンプルな条件で実際の調査データに一番よく合う説明ができるモデルを模索していく。その結果、半径300mという空間スケールが導かれた。AICのレベルが小さいほど、現実によく合うモデルである。

■里山の生物多様性を支えるもの

ルは記載されません。しかしカエルの例でわかるように、ノードやリンクが空間的な広がりをもって存在することが重要であり、生息地の質や連結性が保証されていても、必ずしも注目している生物が存続できるとは限りません。必要な空間スケールを特定する試みは海外を中心に盛んになりつつありますが、これまで里山の生物多様性については明確に論じられてきませんでした。対象生物が存続可能な空間スケールを特定できれば、どの生息地を優先的に保全したらよいか、あるいはどこの場所を優先的に再生すれば効果的かを定量的に予測できるはずで、応用上も重要な視点であると思われます。

里山は半ば人が創った生態系です。1000年以上にも及ぶ人間による自然へのさまざまな働きかけにより、豊かな生物多様性が育まれてきました。その営みは持続可能な働きかけであったはずですが、高度経済成長期以降、生息地や食物連鎖のネットワーク構造が大きく変質しました。生息地（ノード）の劣化、連結性（リンク）の消失はもとより、生息地（ノード）の消失も依然として続いています。40年近く前、まだ実家が里山の一部であった頃、現在では絶滅危惧II類にランクされている蝶が家の庭で3種も見られましたが、だいぶ前に姿を消しました。これは冒頭の「1番目の理由」により生態学を志した自分自身にとって、なぜ多様な生きものを守るのか、のモティベーションのひとつになっています。トキやコウノトリの野生復帰に関係している地元の人たちも似たような感情をもっている人は少なくありません。しかし、一方で現代のさまざまな利便性を享受しているなかで、完全に昔の社会に逆戻りすることを望む人もほとんどいないでしょう。里山の多様性が維持されているしくみを生息地のモザイク性やネットワーク構造の観点から解き明かすことは、現在の生活水準を維持しながらも多様な生物と共存する道を探るうえでの「知恵の源泉」として使えるはずです。どのような場所でどのような環境を整えていけば成果が見込まれるかを科学的に解き明かし、その実現可能性を検討していくことは、里山の生物多様性の減少に歯止めをかけるための重要なアプローチとなっていくでしょう。

18 里山に暮らすサル（撮影／早石周平）

用語解説

競争排除 （きょうそうはいじょ）

「ネズミ算式」の言葉どおり、何の制限もなければ、生きものは毎世代子供を産んで数が増え続けます。したがって理論上は地球を覆いつくすことも可能です。しかし、実際はすみ場所やえさには限りがあるので、どこかで増加は頭打ちになります。これは言い換えると、すみ場所やえさをめぐって互いに争いが生じ、産むことができる子の数が減ったり、寿命が短くなったりするということです。

この理屈は、同じ種のなかだけでなく、違う種の間でも成り立ちます。

31 小笠原に分布するカタツムリ、エンザガイのなかま。小笠原にはたくさんのカタツムリのなかまが分布している。似たような生きものが共存できるしくみの解明も、生態学の重要なテーマのひとつ（撮影／森　英章）

　同じえさを必要とする2種の生物が同じ生息地にすんでいると、競争能力の優れたほうの種が劣ったほうの種をその生息地から排除してしまうことがあります。これが**競争排除**です。水中のバクテリアを食べる2種のゾウリムシ（原生動物）を同じ容器で飼育すると、やがて一方の種だけが生き残ります。これは**ガウゼの実験**といって、高校の教科書にも載っています。植物は一般に動きまわることができないので、動物よりも種間競争が頻繁に観察されます。外来植物のセイタカアワダチソウが侵入すると、もともとそこにいた在来の植物が排除されてしまうのもその例です。これは光や養分をめぐる競争に敗れた結果です。

　しかし、自然界では競争排除がいつもはたらいているわけではありません。その証拠に、同じえさを必要とする生物が、同じ場所に結構たくさんすんでいます。それには、ひとり勝ちができない、競争以外の第3の力がはたらいているからです。そのしくみを解き明かすことは、今でも生態学の重要な研究課題になっています。

（宮下　直）

野生動物とのきずなを取り戻す

「為すことによって学ぶ」エゾシカ管理からわかったこと

梶 光一
イノシシの頭骨とともに。

かじ こういち
東京農工大学教授。北海道環境科学研究センターを経て現職。野生動物管理学が専門で、長期間にわたり野外でエゾシカの個体数変動を追跡している。最近、野生動物管理システム構築のためのプロジェクトを開始した。

北海道では、急激に増えて大きな被害をもたらすようになったエゾシカの数をコントロールして、シカと豊かな自然環境を守り、人の生活との共存を図る取り組みを続けてきました。さまざまな問題に取り組みながらつくりあげた「順応的管理」という考え方と、取り組みの中で考えた人と野生動物の共存のためのしくみ作りを紹介します。

ニホンジカは、日本列島を含む東南アジア～東アジアの亜寒帯から亜熱帯域にかけて、広く分布しています。ニホンジカはたいへん繁殖力の強い動物で、メスは満1歳から繁殖を始め、妊娠率はきわめて高く、1歳のメスで9割、2歳以上のメスは10割近くになります。一度に出産する子ジカの数は1頭ですが、それでも毎年2歳以上の雌の数とほぼ同じくらいの子どもが産まれることになります。子ジカは冬の寒さで死ぬことがありますが、おとなの生存率は高いため、なかなか数が減りません。しかも、えさの種類の幅が広くてほとんどどんな植物でも食べるので、近年の暖冬もあって、よほどの高密度にならない限り、えさ不足で繁殖率が下がったり個体が死亡することもあまりありません。そうした特徴から、現在日本各地で高密度となったシカによる農林業被害や自然植生への食害が深刻化しています。

北海道にもニホンジカの亜種であるエゾシカが分布していますが、このエゾシカの被害も大きな問題になっています。そこで北海道では、継続的な調査を行いながら、状況に応じて対策を変える「順応的管理」という考え方を採用し、エゾシカとの共存を図っています。しかし、生息数も大きく変動し、正確な生息数も不明な野生動物の管理を行うのは、容易なことではありません。ここでは、その困難な課題に挑戦した事例をもとに、これからの野生生物とのかかわり方の原則を探っていきたいと思います。

エゾシカによる被害の拡大

エゾシカは、今から100年ほど前の1900年代初めに、開発と乱獲、そして豪雪によって、一度絶滅寸前となるまで減少したことがあります。しかしその後の保護政策の結果、最近の20年間で大発生して分布を拡大し、大きな農林業被害をもたらすようになりました。

'50〜'70年代には農林業被害額は2000万〜5000万円台と低い水準でしたが、'90年の20億円から'96年には50億円以上と急激に被害が増加し、大きな社会問題となりました。北海道東部では、農地へのシカの侵入を防ぐために、かかしを配置したり電気柵を設置したり、被害防除に必死でした。'90年代半ばには、森林にも被害が

■野生動物とのきずなを取り戻す

▲エゾシカ雄
◀エゾシカ雌
▼エゾシカの子ども
（以上撮影／大橋弘一）

❶ シカの侵入を防ぐための電気柵
❷ 電気柵は延長3010kmにおよぶ
❸ 畑のまわりにかかしを配置する
❹ 自然保護区の樹木にも，樹皮をはぎ取られる被害が発生。樹皮の直下にある，枝葉に水や養分を送る器官も食べられてしまうので，被害を受けた木は枯れてしまう（撮影／宇野裕之）

広がるようになりました。シカは、えさの乏しい冬には、木の皮を食べても生き続けることができます。カラマツなどの有用樹の造林地や、阿寒国立公園や知床国立公園などの自然保護区でもハルニレやオヒョウなどの自生の樹木に被害が発生しました。さらには、列車事故や交通事故も増加しました。

被害の増加とともに、北海道ではオスジカの可猟区域を拡大し、その結果捕獲数は'70年代〜'80年代の2000〜3000頭から、'90年には約1万6000頭へと増加しました。しかし、被害や交通事故は減

❶ エゾシカによる農林業被害額

1980年代後半から被害が急増し始めた

（農林業被害額 億円）

凡例：被害額

横軸：'55 '60 '65 '70 '75 '80 '85 '90 '95 '00
縦軸：0, 10, 20, 30, 40, 50, 60

49

エゾシカの群れ（撮影／大橋弘一）

北海道のエゾシカの歴史

19世紀に和人が北海道に定住する以前には、北海道全域におびただしい数のエゾシカが生息していました。古い記録には、大雪などによってエゾシカが地域的に減少したことが記載されており、捕食者のエゾオオカミが存在し、原生の自然が残されていた開拓以前の時代にあっても、長期的にみれば個体数が大きく変動していたことが示唆されています。明治に始まった近代的な開拓は、エゾシカの生息に大きな影響を与えました。

明治初期には毎年6万〜13万頭が捕獲され、1878年には官営のシカ肉の缶詰工場が、千歳の近くの美々に設けられました。こうした大量捕獲が続くなか、エゾシカは1879年には記録的な豪雪、さらに1881年には再度の大雪に見舞われます。1879年の豪雪では、日高地方にある越冬地で7万5000頭が死亡したといわれています。豪雪の際は、餌がとれずに餓死したばかりでなく、雪のため身動きがとれないエゾシカが大量に殺されたといいます。こうしてエゾシカは、絶滅寸前となるまで激減しました。

一方、エゾシカの最大の天敵であったエゾオオカミは、激減したエゾシカの替わりに馬を襲うようになったため、ストリキニーネによる薬殺と捕獲奨励金によって、1890年までに根絶されました。さらに、絶滅に瀕したエゾシカを保護するために1890〜1900年および1920〜1956年の間、シカの狩猟が禁止されます。しかし、激減の影響は長く続き、個体数が回復の兆しを見せ始めるのは、1970年代半ばでした。

このころから、エゾシカの急速な増加と分布域の拡大が始まります。日高・大雪・阿寒山系の山岳部に集中していたエゾシカの分布域は、1970年代半ばに北海道東部を中心に拡大し、その後は空白地域らなかったため、'94年にメスジカ狩猟を地域と期限を限定して開始し、捕獲数は'96年には約4万6000頭へと急増していきました。一方、北海道東部地域では農業被害防止のために'95〜'03年度にかけて、のべ3010キロメートルの防鹿柵が設置されました。

■野生動物とのきずなを取り戻す

❷ エゾシカの個体数変化

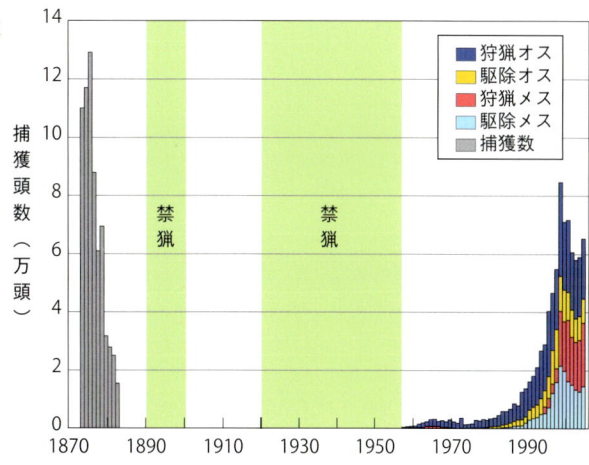

❸ エゾシカの分布の変化

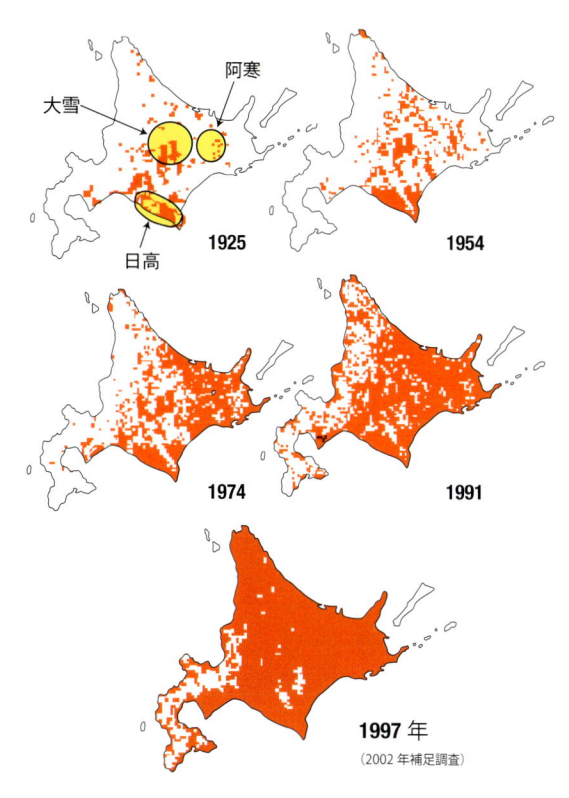

1925 / 1954 / 1974 / 1991 / 1997年
（2002年補足調査）

だった北海道北部、西部、南部へと広がります。そして1991年には、潜在的に生息可能な空間はほぼ埋まってしまいました。その後温暖な冬が続いたために、もともとは生息にとってあまり適していない多雪地帯へも分布が拡大しました。

このような急速な増加と拡大の背景には、最大の天敵であったオオカミが根絶されたこと、第二次世界大戦中には狩猟が行われなかったこと、戦後個体数を回復させるためにオスジカのみの狩猟を継続したこと、休猟区をたくさん配置したこと、過去半世紀で行われた大規模な自然

column

家庭でできるシカ肉料理
エゾシカのかんたんシチュー

　缶詰のトマトとドミグラスソースで手早く作るエゾシカのシチュー。肉の部位は選びません。ホワイトソース仕立てにも和風仕立てにもアレンジ可能。冷凍保存できます。

■材料
エゾシカのもも肉など・きのこ・にんにく・トマト缶・缶詰のドミグラスソース・塩、こしょう・バター・ピーナッツオイル

■作り方
1. エゾ鹿のもも肉を適当な大きさに切り分ける。きのこ、にんにくは乱切り。
2. 肉をボウルに入れ、塩、こしょう、ピーナッツオイルを加えてあえる。量は適当でよい。
3. フライパンを強火にかけ、バターを溶かす。溶けたらにんにくを炒める。
4. にんにくが焦げかけたら、ボウルの中身ごと肉を加える。肉の表面の色が変わったら、キノコを加える。
5. きのこがしんなりしたところで、ホールトマトを加え、炒め続ける。
6. トマトが煮くずれたらドミグラスソースを加える。一煮立ちさせて、できあがり。

ていなかったので、保護の成功は皮肉にも、増え過ぎを招いてしまったのです。

改変、すなわち越冬地となる針葉樹の植林や夏の餌場となる牧草地の増加など、さまざまな要因が組み合わさってエゾシカの回復につながったと考えられます。

メスジカの保護や休猟区を多数設定するという保護措置によって、エゾシカの個体数は回復し、絶滅の危機を脱しました。このことはまた、天然資源であるエゾシカを保護することによって狩猟の継続を可能にし、狩猟システムの維持に貢献したともいえます。しかし、どの水準まで保護するかという目標が設定され

えさの少ない冬に樹皮はぎが発生する（撮影／大橋弘一）

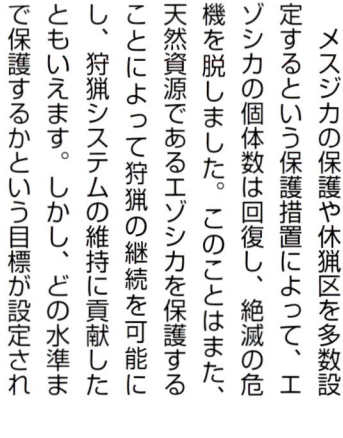

科学的な野生動物管理の始まり

北海道は1991年に公害防止研究所（70年設置）に自然環境部を新設して新たに北海道環境科学研究センターを設立し、科学的な調査を基に野生動物管理を行うしくみを、全国に先駆けてつくりました。その背景には、道民の敵とされていたヒグマの生息域や個体数が減ってきたため、根絶の対象から共存の対象へと保護管理政策の変更があったこと、エゾシカの増加による農林業被害の激化などへの対応といった、野生動物の保護管理をめぐる社会的な変化がありました。

センター設立以前には、北海道は外部委託で野生動物の実態調査を行っていましたが、全道レベルで継続的な調査を体系的に実施するのは困難でした。そのため、自前の研究機関を持ちたいというのは、自然保護行政担当者の長年の願望でもあったのです。減りすぎによる絶滅を防いだり、増えすぎによる人間との社

会的軋轢を避けるための野生生物管理には、明確な目標設定と継続的な監視（モニタリング）が不可欠です。管理目標は、個体数（密度）、分布、被害の程度などに基づき、目的に応じて望ましい個体数水準が設定されます。目標がないと、明治期に起こったように、減りすぎると禁猟し、増えすぎると絶滅が起こるので今度は捕り過ぎるということを繰り返

してしまい、個体数が大きく変動します。モニタリングがなければ、何頭捕ればよいのか、管理は成功しているのかどうかも、判断できません。
エゾシカは一夫多妻で、メスジカの妊娠率は1歳で90％、2歳以上では100％近く、平均寿命は3～4歳、最長寿命が17～19歳です。高齢となっても繁殖力は低下せず、年平均増加率は16～20％ほどあるため、

❹ エゾシカ個体数変化の予測　『世界遺産をシカが喰う』収録の松田裕之さんの著作による

増えすぎたシカも、毎年増えた分だけ捕るようにすれば、それ以上個体数は増えていかないはずだ。これまでの調査から、シカが増える比率はわかっていたので、最初の個体数がわかれば捕るべき数も予測できると考えられる。しかし、その推定を誤ると、効果がなかったり、絶滅を招いたりしてしまう。個体数の推定は個体数管理の鍵になる。

- ：推定した30万頭をそのまま放っておいた場合の予測。個体数はどんどん増えて、4年後には倍になってしまう。
- ：推定した30万頭が適正だった場合。個体数は増えもせず、減りもしない。
- ：30万頭という推定は少なすぎ、実際には35万頭いた場合。30万頭から推定した増加分を捕り続けても、個体数はどんどん増えてしまう。
- ：30万頭という推定は多すぎ、実際には12万頭しかいなかった場合。30万頭から推定した増加分を捕り続けると、3年後には絶滅してしまう。

■野生動物とのきずなを取り戻す

シカが人をこわがらなくなった。人の生活が変わっていくなかで、人と野生動物の関係も変化している

ヘリコプターからシカを数える

放っておくと4年間で倍以上に増加します（④）。したがって、個体数を減らすためには、メスジカをできるだけたくさん捕獲する必要があります。一方で、過去に生じたような絶滅の危機は避けなければなりません。では、何頭捕ったらよいのでしょうか？　増加率以上を捕獲すれば減らすことができますが、そのためにはできるだけ正確な生息数を知る必要があります。北海道は'93年と'94年の2月の下旬から3月上旬に北海道東部の越冬地のうち40地点をヘリコプターで空から観察を行って、観察の平均地を他地域に当てはめることによって12万（±4.6万）頭と推定しました。しかし、森のなかに潜んだ動物の数を正確に数えるのは困難です。ヘリコプターでの観察にもとづく推定値は、見落としが相当多いことや推定幅が大きいことなどの不安がありました。

正確な生息数もわからないし、また開始して間もない群れの調査結果もバラツキが大きくて、明確な増減の傾向も示していませんでした。エゾシカ管理の計画策定を命じられていた私は、計画策定の方針を定めることができず、その重責に圧倒されそうでした。そのような折、数理生態学者で水産資源学にも精通されている松田裕之さん（現横浜国立大学）の指導を仰いで計画策定のための勉強会を開催できました。その勉強会には、森林総合研究所北海道支所の平川浩文さんと齊藤隆さん（現北海道大学）もかけつけてくれました。一緒に難問解決に向けて考えてくれる仲間を得て、とても勇気付けられました。1回目の勉強会を終えた'96年の年末に松田さんから「何とかなるでしょう」と聞いて、どれほど安堵したかわかりません。

column

エゾシカを数える

　野生動物の保護管理の目標を設定するためには、人間活動と野生動物の軋轢の現状、個体群（群れ）の数や大きさ、生息地の状態をできるだけ正しく判断しなければなりません。個体群の状態は通常、分布と個体数（密度）を調べ、増減の程度を判断することによって行われます。野生動物個体群を継続調査すること、つまりモニタリングを行うことは、個体群の変化を発見することにつながります。モニタリングによって得られるデータは、将来の変化（影響）を測定する際の基準となります。

　そこで北海道全域を対象に、夜間に車を走行させて強力なライトを当て、牧草地や畑地に出没するエゾシカを数える「スポットライトカウント」、狩猟者の捕獲報告や目撃報告の統計、農林業被害などのモニタリングが開始されました。モデル調査地では、越冬地に集まったシカを空から数えるヘリコプターセンサス、捕獲個体の年齢構成分析、電波発信器装着個体の追跡による季節移動と死亡率、生息環境調査などのモニタリングが開始されました。これらのうち、スポットライトカウントは、2008年現在で全道の160箇所で実施され、個体数の変化を反映する最も信頼性の高い方法であることが明らかにされています。

為すことによって学ぶ
――フィードバック管理

松田さんは、もと東京水産大学（現・東京海洋大学）学長の田中昌一先生がクジラの資源管理のために国際捕鯨委員会に提唱し、反捕鯨国の反対で実現しなかった「フィードバック管理」をエゾシカ管理の理念として提案されました。フィードバック管理とは、エゾシカの生息数の推定値に不確実性があるため、1993年度（'94年3月）の推定個体数を100％とする相対的な指数＝個体数指数としてとらえ、その増減動向に応じて捕獲圧を調整する管理手法です。エアコンのサーモスタットは、一定の温度を設定すると、室温の変動にともなってスイッチが入ったり切れたりします。それと同じように、'93年度の個体数基準値を用いて、3段階の個体数指数の水準によって4段階の捕獲圧で調整することにしたのです。

北海道が'98年に策定した「道東地域エゾシカ保護管理計画」では、管理目標として①農林業の激害をもたらすエゾシカの大発生を避ける、②絶滅の危険を避ける、③狩猟による持続的収穫を維持する、の3つを設定しました。そして、この目標達成のために、フィードバック管理手法を採用しました。'94年3月の個体数指数を100として基準化し、大発生水準（50％）、目標水準（25％）、許容下限水準（5％）の3段階の個体数指数の基準を定め、エゾシカの数を大発生水準と許容下限水準の間に維持することを目指します。そして、個体数指数に応じて4段階の管理（緊急減少措置、漸減措置、漸増措置、禁猟措置）を選択します。

現状の個体数指数は大発生水準を大幅に越えているので、当面は「緊急減少措置」をとり、雌を中心にたくさん捕獲し、その後は漸減措置と漸増措置を使いわけて、おおむね個体数指数25％の目標水準で維持することを目標としています。

大規模な生態系では繰り返しの実験ができず、気象や生息地などの自然環境を操作することもできません。しかし、このような状況下でも、捕獲数とその内訳は比較的容易に収集できます。また、総捕獲数は狩猟の期間や1日当たりの雌雄別捕獲数の調整によって操作が可能です。こ

撮影／大橋弘一

■野生動物とのきずなを取り戻す

「エゾシカ保護管理計画」のフィードバック管理

フィードバック管理の概念図

個体数指数P(t)

100
大発生水準
50
目標水準
25
許容下限水準
5

基準(1993)年

個体数指数をこの範囲で維持する

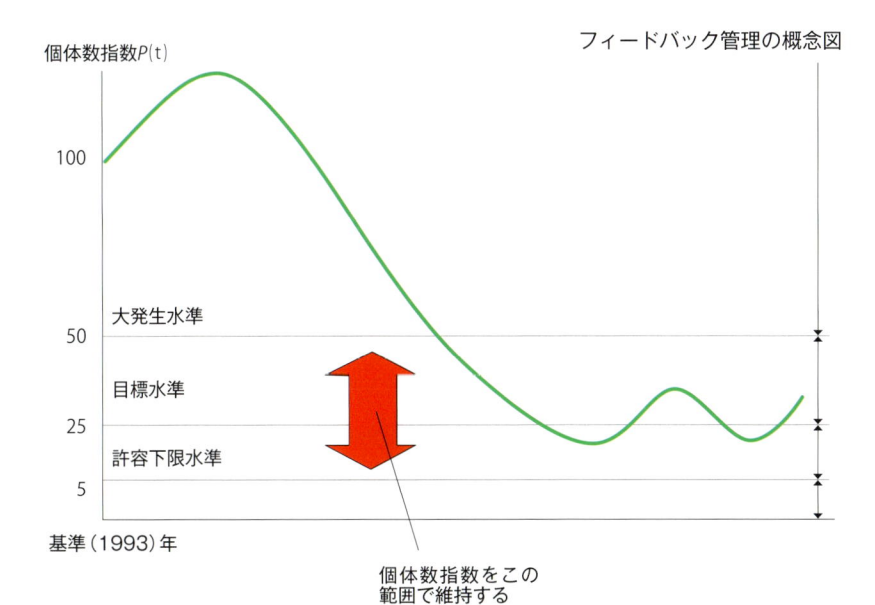

個体数指数	方策
50（大発生水準）以上	緊急減少措置（3年を限度）
25（目標水準）以上50未満	漸減措置（雌中心の捕獲）
5（許容下限水準）以上25未満	漸増措置（雄中心の捕獲）
5未満または豪雪の翌年	禁猟措置

のフィードバック管理をもとに、捕獲を実験とみなし、その成果を次の管理に生かす「為すことによって学ぶ」方式を順応的管理と呼びます。個体数の増減は指数で把握し、その結果に基づいて捕獲圧を決定し、密度を操作することになるので、狩猟は大規模な生態学的実験ととらえることができるのです。

column

為すことによって学んだこと

　ヘリコプターの観察結果から、北海道東部では'93年度末に12万頭のシカが生息していると推定し、年平均増加率16～20％以上に相当するシカを捕獲し続けても、'98年までは一向に減少の兆しが見えないばかりか、増加を続ける一方でした。12万を基にして計算したコンピュータ上のシミュレーションからは、これだけの数を捕獲していたらオスジカが絶滅するという予測だったのにもかかわらず、個体数は増え続けていたのです。このことから、'93年の推定した個体数は少なすぎたという疑いが濃厚となりました。そこで、捕獲数と個体数指数を用いて捕獲が個体数に与える影響を計算し、その結果に基づいて、基準年とした'93年末の生息数を12万頭から20万頭に修正しました。こうした修正を行ったことは、行政文書に記載して公開しました。

　「為すことによって学ぶ」とは、過ちに気づいたときには改めること、またその説明責任を果たすことといえます。また、この経験から、思い切った捕獲行って個体数を減らすことができると、おおよその個体数を推定することができることがわかりました。このことは、大規模な狩猟が、正確な個体数を推定するうえで重要な生態学的実験の役割を果たすことを示しています。

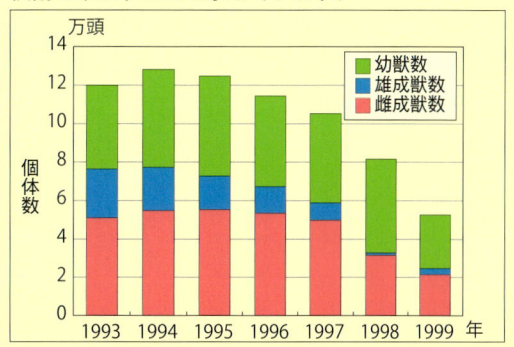

1993年の個体数を12万頭と推定して行ったコンピュータシミュレーションの結果。年平均増加率に相当する数を取り続けると、雌より死亡率の高い雄がいなくなるはずだった。しかし、実際にはそうならなかったことから、個体数の推定が間違っていたと考えた。

『世界遺産をシカが喰う』収録の松田裕之さんの著作による

子ジカは春に生まれ、メスは1歳から子どもを産むようになる　　　　　　　　　　　　　　　　　　（撮影／大橋弘一）

72年ぶりのメスジカの解禁

1998年からの管理計画実施に先立って、'94年度からはメスジカの狩猟が解禁され、'96年までの3年間を試行期間とすることになりました。実に、72年ぶりの解禁です。前に述べたように、シカは妊娠率が高く、数を減らして行くにはメスを捕獲して子どもの数を管理する必要があります。しかし、メスジカ狩猟の解禁には賛否両論が激しく対立し、無計画なメスジカ捕獲はエゾシカを激減させるとの批判が、自然保護団体のみならず研究者からもありました。当時はモニタリングを開始してまもなくて、生息数のみならず、増えているのかどうかもはっきりわからなかったので、大規模なメスジカ捕獲には踏み切ることができませんでした。

そこで'94〜'96年の3年間に、狩猟機会を一定（可猟区を10か町村、ただし'95年からは8か町村、狩猟期間を10日間）にした場合、何頭のメスジカが捕獲できるのか、それが生息数にどの程度の影響を与えるのかを調べることになりました。メスジカの試験的な狩猟期間の3年間の平均

捕獲数は、約3600頭にとどまりました。さらに、これに続く'97年には、可猟区を60か町村、狩猟期間を60日へと拡大し捕獲機会を45倍したにもかかわらず、メスジカの捕獲数は1.4倍にしか増加しませんでした。1日1頭のオスあるいはメスとする捕獲制限下では、狩猟者はオスを選択することが明らかになりました。狩猟による個体群管理を行う際には、オスジカを獲ることを好む狩猟者にどのようにメスを捕獲してもらうかが重要なポイントであることがわかりました。

順応的管理の実行

'98年から開始された「道東計画」では、狩猟期間は92日間、捕獲数は1日2頭とし、その内訳をメス2頭またはメス・オス各1頭として、メスジカの捕獲の増加をもくろみました。東部地域におけるメスジカの猟期の捕獲数は、捕獲規制の緩和によって、'94〜'96年の平均約3600頭から、'97年には約4500頭、'98年に約1万8000頭へと増加し、'99〜'01年には1万2000〜1万7000頭で推移しました。'98年の管理計画の初年度には、駆除

■野生動物とのきずなを取り戻す

column

希少猛禽の鉛中毒問題

'97〜'98年度の冬から春にかけて、北海道で越冬するオジロワシ・オオワシの多数死亡が発生しました。原因は鉛中毒。エゾシカの大規模な狩猟が行われ、狩猟により死んだエゾシカの遺体の残りを食べた猛禽類に鉛中毒が起こったのでした。狩猟は鉛を使用した弾丸で行われるため、肉の内部に弾丸の破片が残ってしまいます。鳥たちはそれを食べてしまったのです。

これらの猛禽は、通常はスケトウダラ漁のおこぼれを食べていましたが、スケトウダラ漁の不漁が続いているため水揚げが少なく、かれらはほかの餌を必要としていました。それに、エゾシカの大規模な狩猟が重なってしまったのです。

オオワシもオジロワシも、国際的には国際自然保護連合（IUCN）のレッドリストに掲載された絶滅危惧生物で、環境庁（当時）のレッドデータブックでも「危急種」とされていました。また国の天然記念物に指定されており、対応を誤ると国内ばかりか国際問題になる可能性もあり、エゾシカ管理計画実行の大きな阻害要因になることが心配されました。

北海道では、現地獣医師と北海道環境科学研究センター及び釧路支庁による研究に基づき、ただちにエゾシカ狩猟問題検討会を設置し、'00年にはライフル銃で、'01年には散弾銃でも、鉛弾の使用を禁止しました。しかし、現在もまだ、鉛中毒による希少猛禽類の死亡は少数ですが生じており、完全解決にはいたっていません。けれども、使用禁止措置を鉛中毒発生からわずか3年でとったことは特筆されます。今後は脱鉛弾の動きを全国に広げ、流通を規制するなどの対策が必要です。

が、1万人の狩猟者によって捕獲され合わせると北海道全域で8万頭れました。

また電波発信器を利用した追跡調査によって、メスジカの狩猟による死亡率は'94〜'97年の8％から'98〜'01年の26％へと、3倍以上に増加したこともわかりました。狩猟者にメスジカを捕獲してもらうための方策が功を奏したと考えられます。そしてその結果、道東地域のエゾシカの個体数と被害はようやく減少に転じました。

生態系管理としてのシカ管理

こうして道東地域のシカ個体群を一度は減少させることができましたが、近年では捕獲数は伸び悩み、生息数は2002年ころから増加に転じ、過去最高だった1998年水準に達しつつあります。道西地域では捕獲数は増えていますが、個体数指数も増加の一途をたどっています（図#）。

2000年度猟期には、北海道では1万人の狩猟者（日本の狩猟人口の6％）が7万頭（日本のシカの捕獲数の50％以上）を捕獲しました。また、2001年からはメスジカの捕獲数も1日3頭までに変更され、その後には無制限とされました。これは、世界でも例がないほどゆるい狩猟規制です。にもかかわらず、捕獲数は伸び悩んでいます。その理由として、シカが狩猟を学習して捕獲効率が低下していること、狩猟による入林が許可されていない国有林に逃げ込んでいることなどがあげられています。また、管理の担い手である狩猟者の高齢化と減少が急速に進んでいることも、捕獲数の伸び悩みにつながっています。このことは、このままでは害獣管理のための捕獲が不可能になることを意味しています。

そのため、北海道のエゾシカ保護管理計画（第3期、2008年4月1日〜2012年3月31日）では、第3期の4年間を、エゾシカの未利用資源の有効活用をはかる資源管理へと管理政策を転換する、資源管理移行期間と位置付けることになりました。これは、エゾシカを資源として管理することで狩猟人口の減少をくい止める効果が

---

24 人にえさをねだるのに慣れた野生のキタキツネ。行動の変化により、事故など新たなリスクが生じている（撮影／安田哲）

ています。エゾシカのように増えすぎた動物の管理と、希少な猛禽類の保全を同時に達成する方法を検討しなければなりません。また、シカは生物多様性の宝庫である自然保護区の植生を食い荒らし、希少植物を絶滅の危機に追いやっています。これらの地域では、個体数をなるべく低密度に誘導することが必要です。

このように、野生動物の管理にはさまざまな側面があります。地域の特性に応じて、被害管理を行うのか、資源管理を行うのか、あるいは希少生物や自然植生保全を行うのかで、個体群をどのように誘導していくのか、目標は異なります。それに対応するためには、狩猟とは異なる仕組みで、生物多様性保全を目的とする個体数管理のための専門家集団の育成も必要です。

北海道のエゾシカ対策は、ただ1種を対象とした個体群管理から生態系管理へと広がりつつあります。こから得られた教訓は、こうした管理は大規模な生態系を扱う事業であり、国・地方自治体や関係する機関の組織的連携が必要であること、管理という応用技術には基礎研究が必要であること、当初の目標達成が不

少をくいとめ、狩猟システムの維持に貢献できるしくみをつくることを目的とするものです。明治期にエゾシカを絶滅寸前にまで追い込んだ乱獲が、食用に利用するためだったことからもわかるように、エゾシカはおいしく、もともと資源としての価値が高いのです。農作物や天然林を食い荒らす「害獣」として駆除するのではなく、未利用の天然資源として有効活用しようと発想を転換することで、害獣を転じて財をなすことも可能となります。国有林でも積極的にシカを捕獲して有効活用をする動きがあります。しかし、過剰な乱獲となった明治の失敗を繰り返してはいけません。ヨーロッパ諸国のように、モニタリングをしながら林産物として持続的に利用する仕組みをしっかり構築していく必要があります。

これから日本は、人口が急速に減少する縮小社会に突入します。すでに、中山間地域からの人の撤退と野生動物の勢力の拡大が同時に生じています。今後は、森林管理や土地管理と野生動物管理の一体化が必要です。たとえばエゾシカは、希少猛禽類の保護区に逃げ込んで狩猟を逃

可能とわかった場合には管理の枠組み自体の見直しと、それを実現するための制度の設計が必要ということです。

エゾシカの管理は手探り状態から、フィードバック管理の理論と実践によって、科学を基礎とする順応的管理に生まれ変わりました。泥臭く粘り強い野外調査や膨大な狩猟者報告や捕獲統計資料をもとに、基礎と応用の双方の生態学の専門家、行政担当者や狩猟者との連携によって、ひとつずつ不確実な情報を克服していく過程でもありました。多様な価値観をもつ道民や国民の合意を得るためには、たとえ回り道であったとしても科学に基づく政策決定が不可欠でした。またこのような過程が、我が国に野生動物管理を学問や文化として根付かせるために必要不可欠だと思います。

生物多様性を守るために私たちにできること

いま、過疎高齢化により里地里山からの人の撤退や耕作放棄地の増加が生じています。そうしたなか、大型野生動物が生息数を増やし、分布の拡大を続けています。北海道のエ

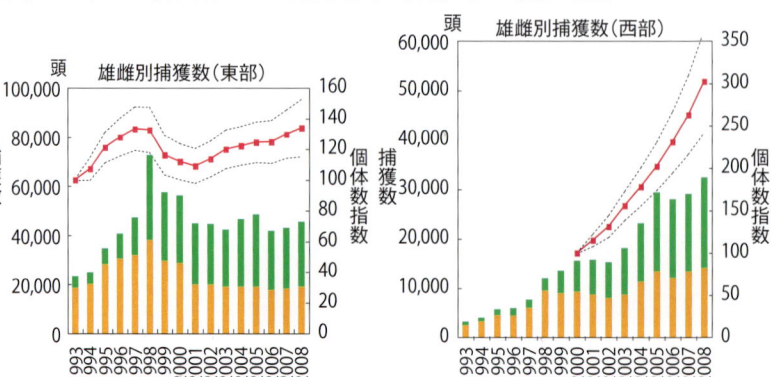

道東地域と道西地域のエゾシカの個体数指数の年次変化と捕獲数の推移 (Yamamura et al., 2008)

実線と破線はそれぞれ、点推定値と95％信頼区間。個体数指数は道東地域では1993年、道西地域では2000年を100とした相対値で示している。道東地域では緊急減少措置によって2000年まで減少したが、その後増加に転じ、道西地域では捕獲数の増加にもかかわらず、増加が続いている。

■ 雄　■ 雌　上の折れ線グラフは個体数指数の推定値（…は誤差の範囲）

雄雌別捕獲数（東部）

雄雌別捕獲数（西部）

column

シカ肉料理

西洋では、狩猟によって得られた鳥獣肉は「ジビエ」などとよばれ親しまれています。なかでもシカ肉は高タンパク・低脂肪でミネラルを多く含み、現代人に適した食材といわれます。

北海道では、エゾシカ肉を食用資源ととらえ、安全な食材として市場流通させるしくみを整えつつあり、道内各地にさまざまな料理を提供する料理店も生まれています。「保護管理と被害防止、有効活用、それらが効果的に組み合わされて実現する"森とエゾシカと人の共生"」を北海道で実現させたいと発足した「社団法人北海道エゾシカ協会」のホームページ（http://www.yezodeer.com/index.html）では、そうした料理店や安全なエゾシカ肉の入手方法、レシピなどを知ることができます。

シカの増加による農業被害や生物多様性の危機は、実は北海道だけでなく日本各地で発生しています。そうしたなか、シカを天然資源ととらえる取り組みも、各地でなされるようになっています。たとえば東京都の奥多摩町では、シカの解体処理施設をつくり、保健所の指導を受けながらシカ肉を旅館などに販売するようになりました。みなさんの地域でも、地元産のシカ肉を入手する方法があるかもしれません。地元産の食材を利用することは、食材を輸送するためのエネルギーを低く抑えることにもつながります。

野生動物を食べるなんて……と抵抗を感じる方もあるかもしれませんが、考えてみれば私たちは魚を食べています。養殖でない魚は野生動物であり、近年は漁業にも資源管理の考え方が取り入れられるようになっています。「野生動物を食べている」と感じながら利用することは、私たち自身が生態系と関係を持ちながら生活していることを認識する機会になるのではないでしょうか。

エゾシカ（撮影／岡田秀明）

ゾシカで紹介したのと同じような現象が、全国で起き始めています。野生動物は自然の一部ですが、増えすぎてしまったために、自然環境への圧力がこれまでにないほど強くなっているのです。

環境省は、日本の生物多様性に関する諸問題のうち、第二の危機としてこの問題を取り上げています。特にニホンジカは、農林業被害だけでなく、これまではほとんど見られなかった高山帯にまで出没するようになり、自然植生を食い荒らして、希少種の絶滅をもたらしています。シカが植物を食い尽くしたために裸地となったところでは、土砂崩れなども生じます。シカは、国土保全上の問題ともなってしまったのです。シカ問題は生物多様性と国土保全にかかわる大きな問題となっています。

では、私たちに日々の生活で何ができるでしょう。里地里山から人の姿が見受けられなくなったので、野生動物はヒトを恐れなくなっています。都会の人々が週末に、あるいは定年退職した方が、畑を耕して耕作放棄地を減らすしくみがあると良いと思います。これは、食料自給率の向上にもつながります。もうひとつは、食べることです。家畜肉を輸入していなかった昔から、私たちはシカやイノシシを食べ続けていました。しかしシカが減少したため、シカを食べる文化が失われてしまったのです。シカは、愛でると美しく食べるとおいしく、そして増えすぎると厄介な動物です。現状では、シカは害獣として駆除され、駆除されたシカはほとんどがゴミとして処理されています。まことにもったいない話です。食べることによって野生の命を尊び、少しでも狩猟人口の減少を食い止めることが必要だと思います。

用語解説

遷移（せんい）

畑や空き地をそのまま放置しておくと、いつの間にかさまざまな植物が生い茂ってきます。土中に埋もれていた種子が発芽する場合もあれば、風や鳥などで種子が運ばれてきて定着する場合もあります。

はじめは成長の速いススキなどのイネ科草本やアカザなどの一年生の広葉草本、帰化植物のブタクサやオオアレチノギクなどが旺盛

46 燃料などを得るために里山や雑木林でかつて行われていた落ち葉かきや下刈りは、適度な攪乱としてはたらいていた。茶道用の高級炭の生産による定期的な攪乱が今も続く北摂地方には、伝統的な里山の生態系が残っている（撮影／橋本佳延）

に繁茂しますが、やがてアカメガシワ、ヌルデ、カラスザンショウ、コナラなどの**先駆樹種**（せんくじゅしゅ）とよばれる木本が侵入してきます。さらに時間がたって樹林ができ始めると、暗い環境でも成長できるカシなどが繁茂するようになります。このように、ある場所の植物群落が時間とともに変化していく現象を**遷移**（せんい）といいます。

遷移が進むしくみには、植物の種間競争に加え、植物の環境形成作用も関与しています。たとえば、先に成長した植物の下では、気温や水分条件などのはげしい変動が緩和され、あとから進入する植物にとって好都合な環境がつくりだされます。

日本のように降水量が比較的多い環境では、人為による攪乱（かくらん）や、洪水、噴火などの自然攪乱がないと、ふつう暗い森林へと遷移が進みます。里山のように、人が燃料や肥料などの採取目的で、自然に対して適度な攪乱を与え続けてきた生態系では、遷移の進行が妨げられ、草地や明るい林が維持されてきたのです。

（宮下　直）

なぜ地球の生きものを守るのか？

矢原　徹一
屋久島永田岳の「神様のクボ」で

やはら　てつかず
九州大学教授。花の多様性の進化についての基礎研究と同時に、九大伊都キャンパス、屋久島、中国太湖、カンボジア熱帯林などで、生物多様性保全の研究と実践に多くの時間を割いている。

歴史のなかで、人間はすでに地球の生きものの多くを失ってきました。しかし今私たちは、生物多様性はひとりでに保たれるものではないことや、過去には気づけなかった恩恵の存在を知り、生物多様性を守るために行動したいと思うようになっています。ここでは、すぐにでも始められる、私たちひとりひとりの行動を考えます。

はじめに
地球にはどれくらいの生きものがいるのか？

地球には、私たち人間のほかに、たくさんの生きものが暮らしています。この事実は、私たちにとってはあまりにも身近なので、生きものがいることを不思議に思っている人はほとんどいないでしょう。しかし、天文学の研究によれば、地球以外に生きものがいる惑星があるという確かな証拠はありません。生きものが暮らすためには液体の水が必要ですが、惑星に水が液体で存在する条件は、たいへん限られています。太陽系の場合、地球よりも太陽に近い惑星では、温度が高すぎて水が蒸発してしまいます。また、地球よりも遠い惑星では、氷になってしまいます。火星でわずかに水の存在が確認されましたが、やはり氷の状態でした。地球は、水が液体で存在できるという奇跡的な条件に恵まれた惑星なのです。その奇跡的な条件の下で生命が誕生し、40億年近い年月をかけて、多種多様な生物が進化しました。その数は、およそ150万種と見積もられています。

地球の生きもののなかで、最も種数が多いのは昆虫です。これまでに約75万種が記載されています。次に種数が多いのは、植物です。約25万種が記載されています。これに対して、魚類は1万9000種、鳥類は9000種、爬虫類は6000種、両生類と哺乳類はそれぞれ5000種と推定されています。

生きものどうしの関係が多様性を生み出す

どうして、昆虫と植物の種はこんなに多いのでしょうか。植物の種は動けないため、ちょっとした環境のちがいに適応して、たくさんの種に分かれたと考えられます。大型の樹木よリ小型の草のほうがたくさんの種に分かれていますが、これは小型の草が微地形、光や水分条件などのちがいなどに樹木よりも細かく適応した結果だと考えられます。昆虫は、このような植物の多様性を利用して多様

62

■なぜ地球の生きものを守るのか？

撮影／前川彰一

化してきたと考えられています。

さて、いま地球では、40億年近い年月をかけて進化してきた多種多様な生物に、絶滅の危機が迫っています。言うまでもなく、人類の活動が他の生物のすみかを奪っているのです。この本でも、陸ではトキやアカガエルなどの生物が減少し、海ではアマモ場が減少し、湖沼では水草が減少していることを紹介しました。

ここでは、視野を地球全体にひろげ、生物多様性の危機がどれほど深刻について、現状を紹介したいと思います。次に、過去の歴史をふりかえり、私たち人類が生物多様性をどのように利用し、どのように失ってきたのかを紹介します。そのうえで、生物多様性にどのような価値があるのかを説明します。最後に、私たち一人ひとりに何ができるかについて考えてみたいと思います。

昆虫の中には、植物を食べる種がたくさんいます。これに対して、植物はかたい組織や、アルカロイドなどのさまざまな毒をつくって、昆虫が食べにくいように工夫しています。これに対して昆虫は、かたい組織をかみ砕く能力や、防御物質に対する解毒能力を進化させて、植物をえさとして利用してきました。このような関係は、「敵対的共進化」と呼ばれています。

このような敵対的共進化の結果、特定の植物だけをえさとして利用できる昆虫が進化しました。たとえば同じアゲハチョウのなかまであっても、キアゲハはセリ、クロアゲハはカラスザンショウ、ジャコウアゲハはウマノスズクサ、アオスジアゲハはクスノキというように、種によって利用できる食草がちがいます。このような例は、甲虫類、ハエ類、アブラムシ類など植物を食べるさまざまな昆虫に見られます。

1つの植物種は何種もの昆虫に利用されています。約75万種にのぼる昆虫の多様性のかなりの部分は、特定の植物の特定の部位を利用するように昆虫が専門化した結果だと考え

危機の現状

生物多様性の危機をもたらしているものとは？

地球温暖化

生物種の存続を脅かしているひとつの要因は、地球温暖化です。❶は、1979年から2003年にかけて、北極の氷がいかに減少したかを示しています。このような北極の氷の減少は、ホッキョクグマなど北極圏に暮らす生物の生息地を縮小させています。ヒマラヤ、アルプスなどの高山でも、氷河の氷が溶け、雪が減っています。日本でも、高山帯の雪が減っていることがわかっています。このような温暖化の影響は、寒さに適応した生きものにとって、深刻な事態です。

温暖化は、熱帯や亜熱帯の生物にも大きな影響を及ぼしています。海水温の上昇によって、さんご礁の大規模な消失が進んでいます。この現象は、さんごの鮮やかな色が失われるため、「白化」と呼ばれています。さんごの礁を作るさんご虫には、褐虫藻と呼ばれる藻類が共生しています。さんご虫は動物ですが、共生藻類と同様に、陸上の植物と同様に光合成を行うので、炭酸ガスをつくり出す役割を持っています。さんご虫に共生しているこの褐虫藻は、高温に弱く、水温が30度をこえると死んでしまいます。このため、海水温が上昇すると、褐虫藻が死に、その結果さんご虫も死ぬのです。1988年には、エルニーニョと呼ばれる、海水温が上昇する現象が発生し、その結果、世界各地で大規模なさんごの白化が生じました。日本でも、沖縄のさんご礁で大規模な白化が発生しました。

さんご礁は、温暖化以外に、ダイナマイトや底引き網を使った漁業や水質汚染、沿岸の開発などによっても減少しています。アジア・太平洋地域には世界のさんご礁の7%が分布していますが、毎年0.72%の率で減少しています。この傾向が30年間続けば、20%のさんご礁が失われると予想されます。さらに、炭酸ガスが海水に溶け込んだ結果、海洋の酸性化が進んでいます。酸性化といっても、実際に海水が酸性になるわけではありません。現在の海水はpH8.1のアルカリ性ですが、これが中性（pH7.1）に向かって変化しているのです。海洋の酸性化が進むと、海水中の炭酸イオンが減少します。さんごの骨格は炭酸カルシウムでできていますが、炭酸イオンが減少すると、炭酸カルシウムの結晶化が抑制されるため、さんごの成長が遅くなるのです。また、酸性化するとより低い温度で白化が起こるという実験結果があります。

森林伐採

生物種の減少を促進しているもうひとつの要因は、森林の消失です。とくに熱帯域では、伐採によって熱帯林が急速に失われています。2000年から2006年にかけて、毎年15億トンの炭素が、森林伐採によって大気中に放出されたと推定されています。面積に換算すると約1300万ヘクタール（四国の7倍）に相当します。その内訳は、アフリカが3億トン、アジアと中南米が6億トンずつです。中南米では1990年当時は毎年8億トンの炭素を放出していましたが、ブラジル政府がアマゾンでの森林伐採の規制を強化したことなどから森林減少速度が少し緩やかになっています。

1979年　2003年

❶北極の氷の減少　白い部分が氷。
NASAウェブサイト http://earthobservatory.nasa.gov/IOTD/view.php?id=3900 より

■ なぜ地球の生きものを守るのか？

カンボジアの森林伐採の現状

アジア熱帯林伐採による CO_2 放出

1ペタグラム＝10億トン

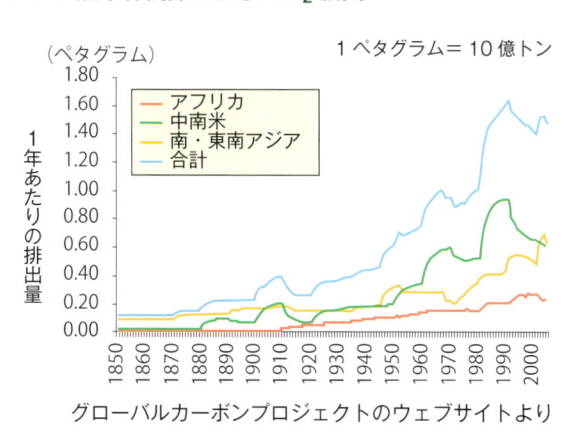

（ペタグラム）
1年あたりの排出量

- アフリカ
- 中南米
- 南・東南アジア
- 合計

グローバルカーボンプロジェクトのウェブサイトより

一方、アジアでは1990年当時は毎年4億トンだった放出量が、現在では6億トンに増えています。

このような熱帯林の減少は、私たち日本人と無関係ではありません。なぜなら、わが国の木材自給率はわずか20％だからです。残る80％は海外からの輸入です。そのうち約12％はマレーシアやインドネシアからの熱帯材です。また、熱帯アジアでは多くの場所で熱帯林が伐採され、アブラヤシやパラゴムノキのプランテーションへと変えられています。アブラヤシは食用油の重要な原料であり、日本に輸入されたパーム油はマーガリン、インスタントラーメン、マヨネーズ、ケーキ、チョコレートなど幅広い用途に使われています。食料自給率40％という数字の影で、海外の森林が次々に消えているのです。

また、パラゴムノキから精製された天然ゴムは、自動車のタイヤに使われています。自動車を乗り回す生活は、二酸化炭素を放出しているだけでなく、熱帯林の消失にもつながっているのです。

化学肥料による水質悪化

生物種の減少を促進している第3の要因は、人工肥料の投入です。窒素に関しては、地球全体で毎時間170万キログラムが投入されていると推定されています。かつては、農地で使う肥料は、森林由来の堆肥(ひ)、魚、および人間や家畜の排泄物(はいせつぶつ)でした。いずれも、もとをたどれば植物や植物プランクトンが吸収した窒素でした。しかし現代では、化学合成された窒素肥料を大量に農地に投入しています。これらの窒素が水系に流れ込み、水質を悪化させる原因になっています。水質が悪化し、水の透明度が低下すると、水草が減ってしまいます。水草が減ると、水草による水質の浄化能力が減り、さらに水質が悪化します。このようにして、水質の悪化と、水草の多様性の減少が、悪循環を繰り返しながら進行しています。

絶滅の現状

このほか、湿地・干潟などの開発、ダム建設、希少動植物の乱獲、侵略的外来種の進入、二次的自然の減少など多くの要因によって野生の生物種が減少しています。その結果、陸域でも淡水域でも海域でも、野生生物の個体数が減少しています。リビングプラネットインデックス(生命の星指数)は、世界各地で長期モニタリングが続けられているさまざまな脊椎動物の種の個体数を、1970年を100としてあらわしたものです。最も減少が著しいのは淡水域の種であり、1970年比で約50%まで減少しています。陸域と海域の種は、約70%まで減少しています。

野生生物種の絶滅に関しては、さまざまなグループで危機的な現状が報告されています。野生のサルは、世界の種の半数が絶滅危惧種としてリストされています。両生類(カエルやサンショウウオ)も世界中で減少しています。日本でも、トノサマガエル、ツチガエル、ニホンアカガエルなどかつてふつうに見られたカエルが、多くの県で絶滅危惧種としてリストされています。また、世界中で、ミツバチ・マルハナバチなどの花粉を運ぶハチ類(ハナバチ)が減少しています。この減少には、病原菌の蔓延、農薬の影響など複数の要因が影響しているようです。植物に関しては、アマゾンの樹木種の3分の1が数十年先に絶滅すると予測されています。日本の野生植物に関しては、約4分の1が絶滅危惧種にリストされており、100年後には8%の種が絶滅すると予測されています。

リビングプラネットインデックスの減少

指数(1970年を100とする)

地上性の生物
海の生物
淡水の生物
全セキツイ動物(生命の星指数)

1970 1975 1980 1985 1990 1995 2000

Living Planet Indexのウェブサイトをもとに作図

危機の歴史

私たちは生物多様性をどのように利用し、どのように失ってきたのか？

このような生物多様性の危機は、いつごろ始まったのでしょうか。人類の歴史をふりかえって考えてみましょう。

危機は、私たちの祖先がアフリカを出て、地球全体に移住を開始したときに始まりました。約5万2000年前のことです。当時はまだマンモスが生存しており、ヨーロッパを中心にネアンデルタール人(ホモ・ネアンデルターレンシス)が暮らしていました。われわれヒト(ホモ・サピエンス)は、エチオピア周辺でネアンデルタール人よりも優れた石器

結論を先に言えば、生物多様性の

■なぜ地球の生きものを守るのか？

ヒトの移住の歴史

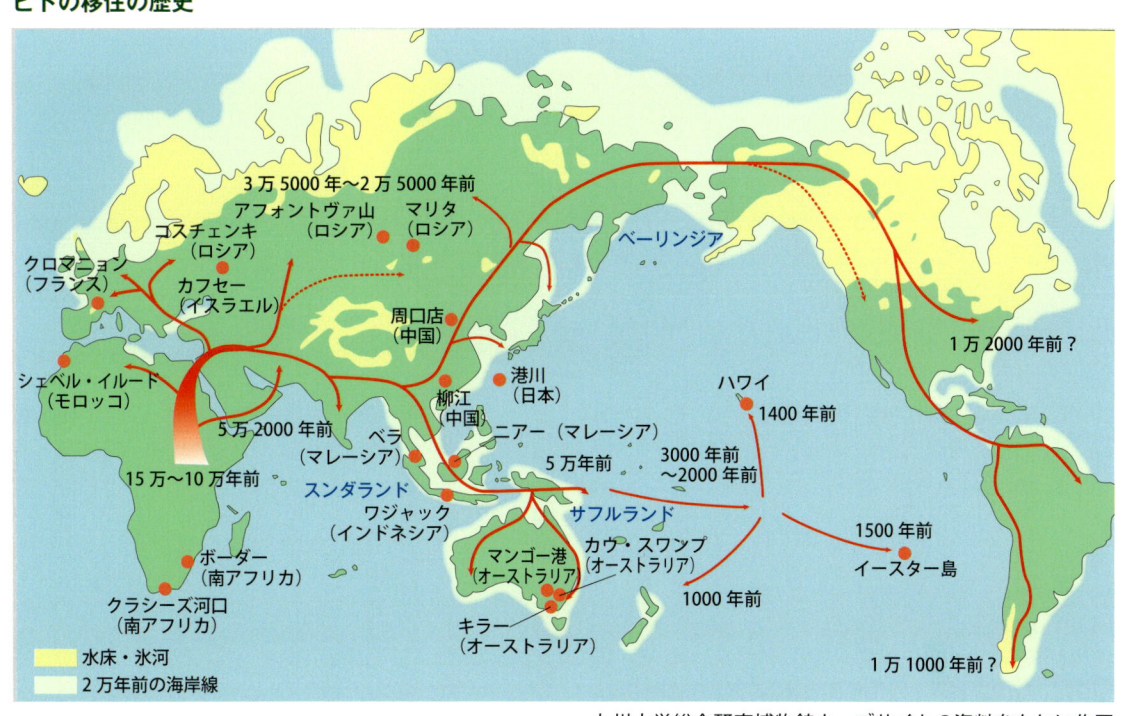

地図中の地名・年代：
- クロマニョン（フランス）
- コスチェンキ（ロシア）
- アフォントヴァ山（ロシア）
- マリタ（ロシア）
- 3万5000年～2万5000年前
- カフゼー（イスラエル）
- 周口店（中国）
- ベーリンジア
- シェベル・イルード（モロッコ）
- 柳江（中国）
- 港川（日本）
- 1万2000年前？
- ハワイ 1400年前
- 5万2000年前
- 15万～10万年前
- ベラ（マレーシア）
- ニアー（マレーシア）
- 5万年前
- 3000年前～2000年前
- スンダランド
- ワジャック（インドネシア）
- サフルランド
- 1500年前
- イースター島
- ボーダー（南アフリカ）
- マンゴー港（オーストラリア）
- カウ・スワンプ（オーストラリア）
- クラシーズ河口（南アフリカ）
- キラー（オーストラリア）
- 1000年前
- 1万1000年前？
- 水床・氷河
- 2万年前の海岸線

九州大学総合研究博物館ウェブサイトの資料をもとに作図

製造技術を開発し、アラビア半島に渡りました。その後ヒトは東アジアに急速に広がりました。ニューギニアから約5万年前の遺跡が知られていますので、わずか2000～3000年の間に、アラビア半島からニューギニアまで到達した可能性があります。日本では3万5000年前の噴火による火山灰層よりも下から旧石器が出土しますので、おそらく約4万年前には、ヒトは日本に移住していたのでしょう。当時はまだ最終氷期の最寒冷期（約2万年前）が訪れる前なので、朝鮮半島と九州は海で隔てられていました。旧石器人は航海技術を持ち、海を渡ってきたと考えられます。

ヒトの適応進化

ヒトは、アフリカから世界中に広がる過程で、約5万2000年の間に、さまざまな適応進化をとげたことがわかっています。たとえば皮膚の色は、アフリカを出たときは黒かったはずですが、高緯度地域に進出するに従って、より白い肌が進化しました。低緯度地域での屋外の生活では、強い紫外線を避けるうえで黒い皮膚が有利ですが、高緯度地域では洞窟など太陽光線からさえぎられた住居で生活するようになったため、ビタミン合成に必要な太陽光線を効率よく吸収するうえで、白い皮膚が有利になったと考えられています。ヒトがこのような適応進化を起こす一方で、多くの動植物がヒトの影響に対する適応進化を起こしたと考えられます。たとえば多くの動物がヒトを見ると逃げるのは、ヒトの狩猟圧に適応した結果でしょう。大航海時代にヒトが初めて訪れた島では、動物はヒトを恐れなかったことが記録されています。このため、モアなど多くの動物が、人間の狩猟によって絶滅してしまいました。

ヒトの移住と大型哺乳類の絶滅

ヒトがアフリカから世界中に広がる過程で、多くの大型哺乳類が絶滅したことがわかっています。マンモスもその例のひとつです。北米では、マンモスを含む33種の大型哺乳類が、ヒトが移住したあとに絶滅しました。北米へのヒトの移住は、最終氷期の最寒冷期（約2万年前）が終わり、アラスカから南下するルートが開けた約1万3000年前に

ヒトは多様な食物を利用する

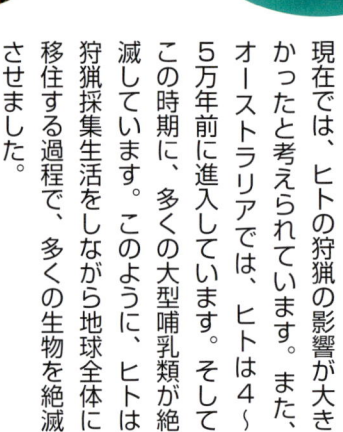

多種多様な生物を食べる

ヒトの生態系への影響がさらに拡大するのは、農業が開始されてからです。最初の農業は、メソポタミアにおいて約1万1000年前に開始されました。続いて9000年前までに、中国とニューギニアで、約5000年前に西アフリカとメキシコで、独立に農業が始まりました。農業の開始とともに、ヒトは定住生活を営むようになりました。農業の開始によって食料の生産力が高まり、余剰生産物を貯蔵できるようになり、人口が増え、組織的な社会的分業が生み出され、技術の進歩が

始されました。このため、マンモスなどの絶滅がヒトの狩猟によるものか、それとも気候の温暖化によるものかについて、論争がありました。現在では、ヒトの狩猟の影響が大きかったと考えられています。また、オーストラリアでは、ヒトは4〜5万年前に進入しています。そしてこの時期に、多くの大型哺乳類が絶滅しています。このように、ヒトは狩猟採集生活をしながら地球全体に移住する過程で、多くの生物を絶滅させました。

加速し、その結果さらに生産力が高まるという好循環が生まれました。このような好循環を通じて、ヒトの活動が環境に及ぼす影響もより大きなものとなりました。

メソポタミア文明の記録をひもとくと、当時の人たちが多くの生物資源を利用していたことがわかります。まず、家畜として、ウシ、ヤギ、ヒツジ、ブタなどを飼育していました。ウシは、農作業の動力として重要でした。また、土地開発や灌漑事業などの土木工事においても動力として利用されました。植物に関して言えば、コムギ、オオムギ、ニラ、タマネギ、レンズマメなどを栽培し、食用にしていました。アマは、種子から亜麻仁油をとるとともに、茎か

■なぜ地球の生きものを守るのか？

ら良質の繊維がとれるので、重要な作物でした。またナツメヤシは、果実を食用に、種子を飼料に、幹を材や繊維の原料に利用していました。オリーブは、食用・薬用に利用されるとともに、オリーブ油の原料として重要でした。また、ブドウを栽培し、ワインを造っていました。私たちヒトは、狩猟採集生活をしていた時代と農耕開始以後の歴史を通じて、このような多種多様な動植物を食べる生活を続けてきました。毎日同じ食材を食べる生活では、健康を損ねてしまうのです。私たちにとって、多種多様な生物が必要な理由のひとつは、雑食性という私たち自身の性質にあります。

農業と環境破壊

メソポタミアは最初に農業が始まった場所であり、最初に文明が発展した場所です。一方でメソポタミアは、環境破壊による被害が深刻化した最初の場所でもあります。雨量が少ない地域で森林を伐採し、灌漑農業を続けたために、農地の土壌に塩分が次第に集積し、「塩害」が生じました。雨が少ない土地では、作物が土壌から水を吸収し、蒸散をす

る過程で、灌漑用水に含まれる塩分が表土に吸い寄せられて集まるのです。メソポタミアでは紀元前2000年頃からは塩害が進み、まず塩類に弱いコムギの耕作ができなくなり、ついには塩類に強いナツメヤシだけが栽培できる状況に至りました。その後文明の中心は、森林資源に恵まれたヨーロッパに移りました。このような文明衰退の背景には、森林の消失と土壌の塩害によって、メソポタミアの農業生産力が低下したという事実があります。

人間の歴史を支えた生物多様性

その後ヨーロッパで発展した中世の文明においても、生物多様性は、食料・飼料・薬品・嗜好品などの利用に加えて、木材が家、車輪、樽、船、燃料などさまざまな用途に利用され、文明の発展を支えました。たとえば、産業革命後に鉄の船が造られるまで、軍艦も含め、船はすべて木材で造られていました。また、さまざまな物資の輸送には、木製の樽が広く利用されていました。四角いコ

穀物のような植物の種子から海産無脊椎動物、菌類まで、ヒトはさまざまな生物を食物として利用する。地球上に分布を広げそれぞれの地域の生物と出合う中で、食物メニューも多様化していった。

撮影／前川彰一

危機の意味
生物多様性にどのような価値があるのか？

コンテナが使われるようになったのは、産業革命後にコンテナを持ち上げる機械が開発されてからのことです。それ以前は、転がすことができる樽のほうが、物資を運ぶ手段としては有効でした。船や樽などの用材として、材質の硬いカシ類が広く利用されましたが、そのほかにも、ニレ類、トネリコ類など、多様な樹木種が利用されていました。また、農耕・工事・運搬などの動力には、ウマなどの家畜が利用されていました。

生物多様性に依存した、このような人間の生活を大きく変えたのは、産業革命とそれに引き続く市場経済の発展です。エネルギー源が木材から石炭に変わり、木製の船や荷車が鉄製の船や自動車に変わり、動力が家畜から機械へと変化し、農業の大規模化によって少数の作物が市場のシェアを拡大し、化学合成由来の商品の増加によって野生商品の価値が低下しました。このような変化を通じて、私たちは生物多様性への依存度を減らし、多様な生物の生息地である森林・湿地・草原を開発し、次々に農地や都市へと変えました。その結果として、農業生産力は増大し、今日に至る急激な人口増加が生じました。世界の人口は、産業革命当時の10億人から60億人へと激増し、2050年には90億人に達すると予想されています。このような急速な人口増加が、温暖化ガスの増加と生物多様性の消失の両方に関係しています。

このように、人類の歴史をふりかえってみると、大量に生産される作物や家畜・養殖資源、化石燃料由来の化学合成商品の価値が高まり、野生生物資源の価値が低下してきたことがわかります。その結果、かつては私たちの暮らしに、食糧・生薬・燃料・建材などのさまざまな恵みを

■なぜ地球の生きものを守るのか？

撮影／前川彰一

もたらした天然林が、ただ伐採されるだけの対象へと変わってしまいました。

熱帯林よりも、アブラヤシやパラゴムノキのプランテーションの方が、森林の所有者にとって継続的に大きな価値を生み出すという現実があります。この状況は、メソポタミアにおいて、森林よりも毎年収穫できるコムギやオオムギの農地のほうがより大きな価値を生んだ状況に似ています。メソポタミアでは、森林の伐採が結果として土地の生産力を低下させ、文明衰退のひとつの原因となりました。では、現代において、森林の伐採に象徴される生態系の破壊、生物多様性の損失は、私たちの文明生活にどのような影響をもたらすのでしょうか。

生態系サービス

2001年6月5日（世界環境デー）に始まり、4年間にわたって実施された国連のミレニアム生態系アセスメントでは、生態系が私たちにもたらしている恩恵（生態系サービス）を次の4つに整理しました。

「供給的サービス」は、食糧、繊維、燃料、淡水など、人間に直接利益を

もたらす商品の提供です。「調節的サービス」は、大気、気候、水、土壌、病気、花粉媒介、災害などを調節する生態系機能です。「文化的サービス」は、レクリエーション、聖地、審美的な喜びなど、非物質的な価値の提供です。「基盤的サービス」は、他のサービスを維持するための、水・物質循環、一次生産（植物や植物プランクトンが炭水化物を合成するプロセス）を指します。そして、これらの生態系のはたらきを24項目に分けて評価した結果、最近50年の間に4項目のはたらきだけが促進され、15項目が低下していることが明らかになりました。

供給サービスの点で減少が著しいのは、漁業資源です。とくに大型の魚の現存量は、顕著に減少してしまいました。高級食材であるミナミマグロの漁獲量は、いまやかつての2割程度に落ち込んでいます。このため、ミナミマグロは世界の絶滅危惧種のリストに加えられ、国際的な議論の的となっています。私たちに身近なところでは、天然ウナギの遡上数が激減しています。また、ハマグリ、アサリなど、かつてはふつうに見られた貝も、激減しています。有

明海の名産品だったタイラギは絶滅寸前の状態です。

調節的サービスには、私たちが日頃気づかないところで生きものが行っている営みがたくさん含まれています。たとえば、動物（とくに昆虫）による受粉サービスがその好例でしょう。植物の花が実を結ぶには、多くの場合、動物による花粉の運搬が必要です。私たちが日頃食べている果物は、ほとんど例外なく、結実するために昆虫による受粉を必要とします。果樹園から花粉を運ぶ昆虫が減少すれば、果物の生産に大きな影響が出ます。そしてこの事態が、いままさに、世界中で進行しています。農薬の害や病気の流行、土地開発による営巣場所の減少などの理由により、世界中でハナバチ（ミツバチ、マルハナバチなど花粉を運ぶハチ類）が減少しています。これは、生物多様性の減少が大きな経済的被害を生む好例です。

多様性が多様性を支える

ハナバチは、森の生物の多様性と深くかかわっています。スダジイやマテバシイという、照葉樹林の優占種を例に、この点を説明しましょう。

スダジイやマテバシイは、どんぐりの木です。どんぐりをつける木のなかには風媒花もありますが、これらの木の花は昆虫の力を借りて花粉を運ぶ虫媒花で、コマルハナバチというハナバチが頻繁に訪れます。したがって、スダジイやマテバシイが実を結ぶには、コマルハナバチが森にたくさん生息していることが必要です。また、種子、つまり実ったどんぐりは、アカネズミという森林性のネズミによって運ばれます。したがって、スダジイの芽生えが育つには、アカネズミが森にたくさん生息していることが必要です。そして、コマルハナバチが暮らすには、森にアカネズミがすんでいることが必要なのです。

コマルハナバチは地中の穴の中に巣をつくりますが、自分で穴を掘ることはできません。アカネズミが掘った穴を利用するのです。アカネズミがたくさんすんでいる森には、アカネズミが掘った古い穴がたくさんあります。このような穴がたくさんなければ、コマルハナバチは巣づくりができないのです。

では、コマルハナバチとアカネズミがいれば、スダジイやマテバシイ

花の写真は九州大学伊都キャンパスで撮影

晩春	初夏	梅雨前
	雄バチ、新女王があらわれる	新女王は交尾後休眠に入る
オキジムシロ	マテバシイの花	
ノアザミ	ノイバラ	

■なぜ地球の生きものを守るのか？

の生活が成り立つでしょうか。実はそうではありません。コマルハナバチは、花粉や蜜をスダジイやマテバシイだけにたよっているわけではありません。コマルハナバチの女王は3月末に越冬から目覚め、巣づくりをはじめますが、この時期にはスダジイは咲いていません。この時期に女王は、九州北部であればオドリコソウやヤマザクラなどの花から花粉や蜜を集め、巣づくりを開始します。コマルハナバチが巣づくりを続けるには、その後スダジイが咲く5月上旬まで、ノアザミ、ノイバラなどの花が咲き続けることが必要です。さらに、スダジイの開花期のあとも、新女王が誕生する6月中旬まで、スイカズラやネズミモチなどの花が次々に咲き、花粉と蜜が利用できることが必要です。このように、コマルハナバチの暮らしは、営巣期を通じて開花のリレーを続けるたくさんの植物に支えられています。一方で、たくさんの植物の繁殖がコマルハナバチによる受粉サービスに支えられています。このように、森林はたくさんの動植物が互いに依存しあうことで成り立っている生態系です。

森林の生態系サービス

その森林が、世界中で減少しています。その結果、15億トンの炭酸ガスが毎年放出されています。これに加えて、75億トンの炭酸ガスが化石燃料を使った私たちの暮らしを通じて放出されています。これらを合計した99％に相当する26億トンを、成長している森林が毎年吸収していると推定されています。つまり、森林は木材を提供するという供給サービスに加えて、炭酸ガスを吸収するという調節サービスをになっています。供給サービスを通じて15億トンの炭酸ガスが放出されていますが、一方で若い森林が26億トンを吸収しているので、差し引くと森林は今でもプラスの調節サービスをしていることになります。温暖化対策のためには、もっと森林を増やすことが必要です。ただし、森づくりに際しては、植物とコマルハナバチの関係を思い起こして、種の多様性を保つように配慮する必要があります。

里山の生態系

近年、伝統的な里山がさまざまな点で注目を集めています。ここでは、

コマルハナバチの生活と花のリレー

季節	早春		春たけなわ
コマルハナバチの生活	女王バチが冬眠からさめる	女王は最初の働きバチを育てる	働きバチが巣外で活動し、巣がどんどん大きくなる
里山の花ごよみ	クサイチゴ		レンゲソウ
	ヤマザクラ		

❷長く崇敬の対象として大切にされてきたお寺やお宮の周りの森には、里山の自然が残っていることも多い（撮影／松崎慎一郎）

生活には不向きでした。その後稲作が渡来してから、稲をつくるために水が必要になりました。そのために、森に隣接した場所に、ため池をつくりました。これが里山の生態系のはじまりです。その後、少なくとも1000年にわたって、稲作とともに、里山の生態系が維持されてきました。このため、里山の多くの生きものたちが、稲作のスケジュールに適応した性質を進化させました。1000年という時間は、人間がつくり出した里山の環境に多くの生物が適応するうえで十分な時間だったのです。たとえば、アカガエル類の産卵は、水田耕作が始まる前の冬の水場に依存しています。トノサマガエルの産卵は、苗代をつくる時期の水場に依存しています。

このような里山の生態系では、人間を含む生きものによって、物質が地域内で循環していました。カエル類のおたまじゃくしやトンボ類のヤゴが育つ過程で水中の窒素やリンが吸収され、これらの動物が上陸・羽化することで、窒素やリンが水中から陸上へと運ばれます。おたまじゃくしやヤゴなどが鳥に食べられ、鳥が陸上で糞をする過程でも、やはり

物質循環という基盤的サービスの点から、里山の生態系を考えてみましょう。里山の生態系の特徴は、森と水辺（ため池と水田）が隣接していることです。

このような里山の生態系のルーツは、縄文時代にさかのぼります。縄文時代の日本人は、燃料と食糧（どんぐりなど）が得やすい森に隣接した台地で暮らしていました。当時の平野部は河川の氾濫原であり、定住

窒素やリンが移動します。水田で肥料として使われる窒素やリンは、人間が森の落ち葉や枝、あるいは池の水草を利用してつくった堆肥でした。また、人間自身や家畜の排泄物も、肥料として利用されました。これらの肥料から流出した窒素やリンは、ため池に流れ込みました。ため池の水草はこれらの窒素やリンを吸収して育ちました。そして、藻刈りを通じて堆肥の原料に利用されていました。ため池の水草の表面に生活している微生物は、窒素を気体に変える脱窒という作用もになっていました。

生態系サービスを見直そう

現代の農業では、化学合成によってつくられた多量の窒素、あるいは輸入されたリン鉱石からつくられた多量のリンが農地に投入されています。一方で、ため池の水草は水質汚染や三面護岸工事などによって大きく減少し、ため池の浄化能力は低下しています。農地由来の窒素やリンは、海に流れ、海を汚す原因になっています。水の汚れを下水処理場などで除去する過程では、化石燃料が使われています。温暖化が顕在化し

■なぜ地球の生きものを守るのか？

たいま、生態系が持つ物質循環サービスをもういちど見直し、自然の浄化能力を高めることが必要になっています。自然の浄化能力は、多種多様な生きものに支えられています。里山の生態系では、森と水辺が隣接し、多種多様な生きものが森と水辺を行き来しながら暮らしています。里山の生態系の価値として、私たち日本人の伝統的な自然利用であるという点に加えて、森と水辺の物質循環が多種多様な生きものによって支えられている点に注目する必要があるでしょう。

「自然共生社会」を目指して

現代の特徴は、グローバル化です。経済がグローバル化しているだけでなく、環境破壊もグローバル化しています。すでに紹介したように、温暖化、森林減少、窒素負荷、野生生物種の大量絶滅など、さまざまな環境破壊が地球規模で進行しています。このような地球環境の危機に対して、1992年の地球サミットでは、気候変動枠組み条約と生物多様性条約という2つの条約が結ばれました。わが国はこれらの条約に加盟し、気候温暖化と生物多様性の損失を防ぐために、国内外で努力を重ねてきました。気候変動枠組み条約の下では、第3回締約国会議（COP3、1997年）で京都議定書を発効させました。また、昨年の第15回締約国会議（COP15）では、25％削減という国際目標を提案して注目を集めました。生物多様性条約に関しては、今年10月に名古屋で、第10回締約国会議（COP10）が開催されます。今年は、国連が定めた国際生物多様性年にあたります。また、「2010年までに生物多様性損失を有意に減少させる」という国際的に合意された「2010年目標」の達成度を評価し、将来に向けた新しい目標を設定する節目の年です。

わが国では、21世紀環境立国戦略の下で、地球規模での環境問題の深刻化を、地球温暖化の危機、資源浪費の危機、生態系の危機という「3つの危機」としてとらえています。そして、これらの危機を克服し、持続可能な社会を構築するために、低炭素社会、循環型社会、自然共生社会という3つの社会目標を提案しています。私は、この3つの目標は、私たちが目指すべき社会を的確にとらえた、わかりやすく明快な目標だと思います。その結果、この考えを支持するさまざまな証拠が得られつつあります。日本社会には、自然と共生する、という考え方が古くからあります。このような伝統的な考え方を大切にしながら、グローバルな生物多様性の損失を防ぐために、世界各国と協力していくことが求められています。

このうち、「自然共生社会」という目標には、多種多様な生きものとともに暮らそうというメッセージがこめられています。生きものの多様性こそが、豊かな生態系の恵みの源泉である、という考え方は、生態学の研究ではようやく最近になって詳しく研究されるようになりました。

37 絶滅危惧植物の一つ、ヤチシャジン。市民により、わずかに残った自生地の保全活動が行われている（撮影／大竹邦暁）

危機を越える 私たち一人ひとりにできること

では、自然共生社会を実現するために、私たち一人ひとりにできることとは何でしょうか。私は、以下の4つの取り組みが大切ではないかと考えています。

旬の食べものを食べよう

第一は、旬の食べものを食べることです。旬の食べものは、自然本来の季節の移り変わりの中で、その季節だけに得られる自然の恵みです。

現代では、化石燃料を使ってハウスの気温を調節し、また海外から輸入することで、さまざまな野菜・果物・魚介類が、季節を問わず食べられるようになりました。それは私たちの暮らしを豊かにしている側面もありますが、一方で、環境に対してさまざまな負荷をかけています。そして、年間を通じて量産しやすいごく一部の食品に依存した生活を生み出し、多様な野生生物資源の利用を減らす原因ともなっています。

環境に対する負荷を減らすとともに、多様な生きものからの恵みに理解を深め、**生きものとともに季節の変化を実感しながら暮らすこと**ができるでしょう。とくに、「旬の魚」を食べる暮らしをすれば、その土地の近海から陸揚げされる、多種多様な魚についての知識が自然と身につき、近海の環境の変化についても、無関心でいられなくなるでしょう。

生きものに目を向けよう

第二は、多様な生きものの名前を知り、記録することです。記録の仕方は、写真・絵・日記・俳句など自分に合った方法を選んでください。

日本は生物多様性に恵まれた国です。東京のような大都会の中でも、さまざまな生きものを見ることができます。鳥でも植物でも昆虫でも良いので、関心を持てそうな生きものを選んで、記録をとりながら**名前を覚えましょう**。いままで気づかな

1 人手が入らなくなったことで失われつつあった環境を守るため、市民による管理が行われている神戸市の草地（撮影／澤田佳宏）

なぜ地球の生きものを守るのか？

子どもと一緒に外に出よう

第三は、子どもたちと一緒に自然に親しむことです。森づくり活動に参加する、潮干狩りに出かける、山に登る、動物園・植物園に出かけるなど、ここでも自分に合った方法を選んでください。

私たちヒトは、雑食性という性質を持ち、さまざまな生きものを狩猟し、採集する生活を通じて進化しました。ヒトの子どもも、つい最近までは、自然の中で、さまざまな生きものと接しながら育ってきたのです。ところが今では、子どもが育つ環境が、自然から遠くなってしまいました。この変化は、子どもの健全な成長にとって、好ましいことではありません。ゲームに象徴される室内娯楽が増えるなかで、自然の中で子どもたちを育てる機会をつくることが、とても大切になっています。

子どものすこやかな成長は、私たちに共通の願いです。生物多様性は、子どものすこやかな成長にとってなくてはならないものです。したがって自然共生社会とは、子どもたちが自然の中ですこやかに育つ社会です。このような社会を実現するためには、**親が子どもたちと一緒に自然に親しむ**ことが大切です。

㉖干潟にすむ稀少種、シオマネキ（撮影／大田直友）

選択できる消費者になろう

最後は、環境保全に貢献している商品・企業を選ぶことです。たとえばアブラヤシを利用して商品をつくっている会社の中には、アジアゾウやオランウータンのすむ森を守るために積極的に活動している会社もあります。製紙会社の中には、海外で積極的に植林をして、生物多様性に配慮した林業を育てている会社があります。消費者がこのような企業の商品を選ぶことは、環境保全活動に取り組む企業を有利にし、結果として生物多様性を含む地球環境の保全につながります。

今年は生物多様性条約第10回締約国会議が名古屋で開催されるので、生物多様性に関するマスコミの報道や企業の広告が増えています。このような報道に注意していれば、どの企業が環境保全に積極的に貢献しているかがわかるでしょう。**今年は、消費者の選択を通じて、企業の姿勢を変えていくチャンスです**。ぜひ、環境保全への企業の取り組みに目を向けてください。

なぜ地球の生きものを守るのか？

それは、私たちの暮らしをより豊かなものにするためです。地球の生きものは、私たちにさまざまな生態系サービスを提供してくれます。私たちはまた、造花よりも生花を好み、たった1種類だけの花束よりも、多種多様な花のブーケを好む生きものです。地球の生きものたちが次々に消えている事実は、経済的に大きな損失であるだけでなく、私たちの暮らしが次第に貧しいものになっていることを意味します。

幸い、地球にはまだ多種多様な生きものが暮らす生態系が残されています。これらの生きものと共生し、物質的にも精神的にも豊かな社会を築くためには、多くの市民の協力が必要です。4つの提案のどれでも良いので、取り組みを始めてみてください。きっと、毎日の暮らしがもっと新鮮で豊かなものになるでしょう。

本書で使用した写真について

　2009年に岩手県盛岡市で開催された日本生態学会の年次大会（第56回大会）では、「エコフォトアワード」と題し、「生態学者が選ぶ『未来に残したい森羅万象』」をテーマとする写真展が行われ、学会会員から寄せられた47点の写真が展示されました。参加作には本書で紹介された内容に密接に関係するものも多く、また生物多様性と人間の関係を直接示す写真展であったことから、応募作全点を裏表紙に掲載し、また本文でも使用しました（■の番号が付した写真が参加作です）。各作品のタイトル、撮影者等は下表の通りです。なお、「エコフォトアワード」は、「岩手生態学ネットワーク（EINET）」が企画し、日本自然保護協会からのP.N.ファンドの補助により行われました。

No.	タイトル	撮影者
1	はらっぱであそべ	澤田佳宏
2	神社に暮らす生き物の願い	松崎慎一郎
3	断崖に生きる	鹿野雄一
4	クサアリに護られるクヌギクチナガオオアブラムシを攻撃する寄生蜂	小松　貴
5	草を刈る	松村俊和
6	めでたい湿原	西本　孝
7	瓦礫の中で	下野綾子
8	円月島とアカウミガメ	岸田拓士
9	倒木更新	飯島勇人
10	早朝のカナディアンロッキー山中にて	森　章
11	イネも水田雑草	竹原明秀
12	被食者にして捕食者、時に片利共生	秋葉健司
13	日本の原風景ー棚田ー	大澤剛士
14	桜を喰らう外来インコ	立川賢一
15	青空に向かってよーいどん！	青木美鈴
16	森の語りべ	小林誠
17	琵琶湖の主の産卵	金尾滋史
18	子どもと森の守り神	早石周平
19	シラビソ・オオシラビソの球果と縞枯れ	鈴木智之
20	Kiss me !!	大西尚樹
21	イシカワガエル	鈴木紀之
22	次の調査地点を見つめる干潟調査隊	上村了美
23	エンペラーペンギン	依田憲
24	おじさん、次は何をくれるの？？	安田哲
25	夏の終わり	森口紗千子
26	流れ着いたのは工事現場	大田直友
27	早春の陽だまり	今井宏昭
28	北国の彩り	堀野眞一
29	見つからぬよう	坂本亮太
30	落葉かき	稲永路子
31	かたつむり愛らんど	森　英章
32	高山植物が高山にありますように	細　将貴
33	なくてナナフシ	石若礼子
34	いつも、そこにある	浅沼弘人
35	雲の庭、光の畦道	川西亮太
36	野焼き後、春一番に花を咲かせるショウジョウバカマ	白川勝信
37	ほそぼそと生きながらえるヤチシャジン	大竹邦暁
38	黒い巨塔	川口達也
39	山の主	中西康介
40	始まり	三田村理子
41	愛の証	竹田祐輝
42	「いかつい」オンブバッタ	竹内勇一
43	春風駘蕩	關　義和
44	嵐が去って	田中美希子
45	トキの棲む里山	永田尚志
46	北摂地域の伝統的な里山景観	橋本佳延
47	北リアスの海と空	松政正俊

表紙写真：上段左から、24・20・42・32／下段左から、39・31・42・21・14・26
扉写真：前川彰一
目次：左から、35・4・45・41・23・8
「はじめに」：左から、6・12・47・16・29・17

日本生態学会とは？

　日本生態学会は、生態学を専門とする研究者や学生、さらに生態学に関心のある一般市民から構成されている組織で、1953 年に創設され、すでに 60 年近い歴史があります。現在の会員数は 4000 人以上の、かなり大規模な学会です。

　生態学は、たいへん広い分野をカバーしているので、会員の興味もさまざまです。生物の大発生や絶滅はなぜ起こるのか、多種多様な生物はどのようにして進化してきたのか、希少生物の保全や外来種の管理を効果的に行うにはどのような方法があるのか、といった具合です。また、対象とする生物や生態系もさまざまで、植物、動物、微生物、森林、農地、湖沼、海洋などあらゆる分野に及んでいます。会員の多くが、自然や生きものが好きだ、地球上の生物多様性を保全したい、という思いを共有していると思います。

　毎年 1 回開催される年次大会は学会の最大のイベントで、2000 人ほどが参加し、数多くのシンポジウムや集会、一般講演を聴くことができます。また、今年から高校生を対象としたポスター発表会も新設され、次代を担う生態学者の育成を目指しています。出版物もいくつか刊行しており、専門性の高い英文誌「Ecological Research」をはじめ、解説記事が豊富な和文誌「日本生態学会誌」、保全を専門に扱った和文誌「保全生態学研究」の 3 つが柱です。難解な英文はちょっと苦手、という方のために、「保全生態学研究」誌のみの購読も可能で、その場合は年会費が割安になる制度もあります。さらに、行政事業に対する要望書の提出や、一般向けの各種講演会など、社会に対してもさまざまな情報発信を行っています。日本生態学会には、いつでも誰でも入会できます。入会を希望される場合は、以下のサイトをご覧下さい。「入会案内」のページに、会費、申込み方法を示しています。また、このサイトから入会の手続きもできます。
http://www.esj.ne.jp/esj/

　＊日本生態学会編「エコロジー講座」シリーズは、本書のほか下記の 2 冊が発行されています（2010 年 3 月現在）
　　エコロジー講座　森の不思議を解き明かす（矢原徹一　責任編集）
　　エコロジー講座　生きものの数の不思議を解き明かす（島田卓哉・齋藤隆　責任編集）

エコロジー講座 3
なぜ地球の生きものを守るのか
日本生態学会　編　　宮下 直・矢原徹一　責任編集

2010 年 4 月 20 日　初版第 1 刷発行

デザイン　　ニシ工芸株式会社

発行人　　斉藤 博
発行所　　株式会社文一総合出版
〒162-0812　東京都新宿区西五軒町 2-5　川上ビル
TEL: 03-3235-7341
FAX: 03-2369-1401
郵便振替　　00120-5-42149
印刷所　　奥村印刷株式会社

2010 ⓒThe Ecological Society of Japan
ISBN978-4-8299-0147-2
Printed in Japan

乱丁・落丁本はお取り替えいたします。
本書の一部または全部の無断転載を禁じます。